· 中国珍稀濒危海洋生物 ·

总主编　张士璀

中国珍稀濒危海洋生物

ZHONGGUO
ZHENXI BINWEI
HAIYANG SHENGWU

鸟类卷

NIAOLEI JUAN

李荔　主编

中国海洋大学出版社
·青岛·

图书在版编目（ＣＩＰ）数据

中国珍稀濒危海洋生物.鸟类卷 / 张士璀总主编；
李荔主编. — 青岛：中国海洋大学出版社，2023.12
ISBN 978-7-5670-3732-8

Ⅰ.①中… Ⅱ.①张… ②李… Ⅲ.①濒危种—海洋
生物—介绍—中国②鸟类—介绍—中国 Ⅳ.①Q178.53
②Q959.708

中国国家版本馆CIP数据核字(2023)第243347号

出 版 人	刘文菁			
出版发行	中国海洋大学出版社			
社　　址	青岛市香港东路23号	邮箱编码	266071	
网　　址	http://pub.ouc.edu.cn	订购电话	0532-82032573（传真）	
项目统筹	董　超	电　　话	0532-85902342	
责任编辑	董　超	电子邮箱	465407097@qq.com	
文稿编撰	彭　晨	图片统筹	董　超　彭　晨	
照　　排	青岛光合时代文化传媒有限公司			
印　　制	青岛名扬数码印刷有限责任公司	成品尺寸	185 mm × 225 mm	
版　　次	2023年12月第1版	印　　张	10.5	
印　　次	2023年12月第1次印刷	印　　数	1 ~ 5000	
字　　数	139千	定　　价	39.80元	

如发现印装质量问题，请致电13792806519，由印刷厂负责调换。

中国珍稀濒危海洋生物

总主编　张士璀

编委会

倾听海洋之声

　　潮起潮落，浪奔浪流，海洋——这片占地球逾 2/3 表面积的浩瀚水体，跨越时空、穿越古今，孕育和见证了生命的兴起与演化、展示着生命的多姿与变幻的无垠。

　　千百年来，随着文明的发展，人类也一直在努力探索着辽阔无垠的海洋，也因此而认识了那些珍稀濒危的海洋生物，那些面临着包括气候巨变、环境污染、生境恶化、食物短缺等前所未有的生存压力、处于濒临灭绝境地的物种。在中国分布的这些生物被记述在我国发布的《国家重点保护野生动物名录》和《国家重点保护野生植物名录》之中。

　　丛书"中国珍稀濒危海洋生物"旨在记录上述名录中的国家级保护生物，为读者展现这些生物的"今生今世"。丛书包括《刺胞动物卷》《鱼类与爬行动物卷》《鸟类卷》《哺乳动物卷》《植物与其他动物卷》等五卷，通过描述这些珍稀濒危海洋生物的形态、习性、繁衍、分布、生存压力等并配以精美的图片，展示它们令人担忧的濒危状态以及人类对其生存造成的冲击与影响。

　　在图文间，读者同时可以感受到它们绚丽多彩的生命故事：

　　在《刺胞动物卷》，我们有幸见识长着蓝色骨骼、有海洋"蓝宝石"之誉的苍珊瑚；了解具有年轮般截面的角珊瑚以及它们与虫黄藻共生的亲密关系……

　　在《鱼类与爬行动物卷》，我们有机会探知我国特有的"水中活化石"中华鲟；认识终生只为一次繁衍的七鳃鳗；赞叹能模拟海藻形态的拟态高手海马，以及色彩艳丽、长着丰唇和隆额的波纹唇鱼……

　　在《鸟类卷》，我们得以惊艳行踪神秘、60 年才一现的"神话之鸟"，中华凤头燕鸥；欣赏双双踏水而行、盛装表演"双人芭蕾"的角䴙䴘……

在《哺乳动物卷》，我们可以领略海兽的风采：那些头顶海草浮出海面呼吸、犹如海面出浴的"美人鱼"儒艮；有着沉吟颤音歌喉的"大胡子歌唱家"髯海豹……

在《植物与其他动物卷》，我们能细察有"鳄鱼虫"之称、在生物演化史中地位特殊的文昌鱼；惊叹那些状如锅盔、有"海底鸳鸯"之誉的中国鲎；观赏体形硕大却屈尊与微小的虫黄藻共生的大砗磲。

"唯有了解，我们才会关心；唯有关心，我们才会行动；唯有行动，生命才会有希望"。

丛书"中国珍稀濒危海洋生物"讲述和描绘了人类为了拯救珍稀濒危生物所做出的努力、探索与成就，同时将带领读者走进珍稀濒危海洋生物的世界，了解这些海中的精灵，感叹生物进化的美妙，牵挂它们的命运，关注它们的未来。

更希望这套科普丛书能充当海洋生物与人类之间的传声筒和对话的桥梁，让读者在阅读中形成更多的共识和共谋：揽匹夫之责、捐绵薄之力，为后人、为未来，共同创造一个更美好的明天。

宋微波　中国科学院院士

2023 年 12 月

濒危等级和保护等级的划分

濒危等级

评价物种灭绝风险、划分物种濒危等级对于保护珍稀濒危生物有着非常重要的作用。根据世界自然保护联盟（IUCN）最新的濒危物种红色名录，包括以下九个等级。

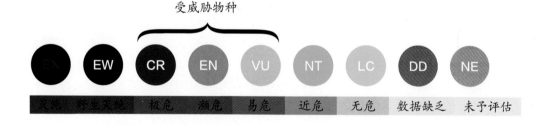

灭绝（EX）
如果具有确凿证据证明一个生物分类单元的最后一个个体已经死亡，即认为该分类单元已经灭绝。

野生灭绝（EW）
如果已知一个生物分类单元只生活在栽培、圈养条件下或者只作为自然化种群（或种群）生活在远离其过去的栖息地的地方，即认为该分类单元属于野外灭绝。

极危（CR）
当一个生物分类单元的野生种群面临即将灭绝的概率非常高，该分类单元即列为极危。

濒危（EN）

当一个生物分类单元未达到极危标准，但是其野生种群在不久的将来面临灭绝的概率很高，该分类单元即列为濒危。

易危（VU）

当一个生物分类单元未达到极危或濒危标准，但在一段时间后，其野生种群面临灭绝的概率较高，该分类单元即列为易危。

近危（NT）

当一个生物分类单元未达到极危、濒危或易危标准，但在一段时间后，接近符合或可能符合受威胁等级，该分类单元即列为近危。

无危（LC）

当一个生物分类单元被评估未达到极危、濒危、易危或者接近受危标准，该分类单元即列为需给予关注的种类，即无危种类。

数据缺乏（DD）

当没有足够的资料直接或间接地确定一个生物分类单元的分布、种群状况来评估其所面临的灭绝危险的程度时，即认为该分类单元属于数据缺乏。

未予评估（NE）

如果一个生物分类单元未经应用本标准进行评估，则可将该分类单元列为未予评估。

保护等级

我国国家重点保护野生动植物保护等级的划分，主要根据物种的科学价值、濒危程度、稀有程度、珍贵程度以及是否为我国所特有等多项因素。

国家重点保护野生动物分为一级保护野生动物和二级保护野生动物。

国家重点保护野生植物分为一级保护野生植物和二级保护野生植物。

前言

　　说起海洋，你们脑海里首先会浮现出什么画面？是珊瑚、螃蟹和小丑鱼，是木船、渔人和海鸥，还是闪电、风暴和巨浪？这些画面勾勒出一幅幅五彩缤纷的画卷。

　　让我们把视线移到海洋中的鸟类身上：飞行本领高超、擅长劫掠的军舰鸟，在海岛上挤作一团不怕人的鲣鸟，围成圆圈、协作捕鱼的鸬鹚……

　　除了这些海洋鸟类，还有那些活跃在滨海湿地的鸟类，比如鸟中仙子白鹭、"小勺子"勺嘴鹬、擅长潜水的鸊鷉以及顶级捕食者海雕等等。

　　鸟儿身披双翼，依靠身体对飞行的适应，在天空和海洋之间自由翱翔。但是，并非所有鸟类都能很好地适应如今日益严峻的地球环境。由于自然或人为因素而被破坏的湿地和海岛，数不清的鸟儿失去了赖以生存的家园，其中一些鸟类因为栖息地消失而数量急剧下降，甚至成为珍稀濒危物种。

　　现如今，一些珍稀濒危鸟类已经得到了人们的广泛关注，全球各地关于它们的保护工作陆续启动。但也有很多鸟类的生存环境仍在不断恶化，种群数量持续下降，却并未得到足够的重视，相关保护工作较难开展。

　　在本书中，就让我们以观察者的视角走进它们的世界，通过阅读那些鸟儿的故事，了解我国那些急需关注和保护的美丽生物吧。

目录

鸟类

鸟类的起源

鸟类是具有体温恒定、被覆羽毛、前肢特化为翼等特征的一类动物。在很长的一段时间内，始祖鸟被认为是鸟类的祖先，它出现在侏罗纪晚期，具有爬行动物和鸟类的过渡特征，身上已经长出羽毛。但是随着越来越多新的化石证据被发现，人们逐渐认识到，始祖鸟更接近原始的恐爪龙类，并不是现代鸟类的直接祖先，现代鸟类起源于兽脚类恐龙。2009 年发现的赫氏近鸟龙，因其出现在侏罗纪早期，成为目前世界上已知的最早的长有羽毛的物种。在白垩纪，鸟类已经进化出了发达

的龙骨突和与现代鸟类相似的肩带结构，如生活在温带海洋中的黄昏鸟和常在海洋上空飞行的鱼鸟等，不过这些原始鸟类现已灭绝。到了新生代，现代鸟类各种类型开始出现，其中，海洋鸟类的各种类型在距今约2000万年前全部出现。

海洋鸟类

海洋鸟类是以海洋为主要生存环境的鸟类。从狭义上讲，海洋鸟类是指长年生活在海洋上，只有繁殖时才返回大陆的鸟类，包括企鹅目、鹱形目、鹈形目和鸻形目4个目。但是从广义上讲，海洋鸟类还包括

长年生活在近岸海域的鸟类，即鹱形目和鲣鸟目的鸟类，总共 6 个目。在中国境内，一共记录了除企鹅目外的其他 5 目 12 科 89 种海洋鸟类。

本书介绍鹱形目、鹈形目、鸻形目、鲣鸟目的 7 科 21 种珍稀濒危海洋鸟类，属于国家一级保护鸟类的有 9 种（短尾信天翁、黑脚信天翁、斑嘴鹈鹕、卷羽鹈鹕、中华凤头燕鸥、河燕鸥、黑嘴鸥、遗鸥和白腹军舰鸟），其余海洋鸟类均为国家二级保护鸟类；在这些鸟中有 2 种极危鸟类（中华凤头燕鸥和白腹军舰鸟），1 种濒危鸟类（黑腹燕鸥）和 5 种易危鸟类（短尾信天翁、冠海雀、河燕鸥、黑嘴鸥和遗鸥）。

滨海鸟类

滨海鸟类是以滨海湿地为主要生存环境的鸟类，在形态特征和行为习性等方面表现出对湿地环境的适应，大部分具有迁徙的习性。中国境内的滨海鸟类至少包括：8目19科225种水鸟，8目为潜鸟目、鹱鹳目、红鹳目、鹈形目、鸻形目、雁形目、鹤形目和鹳形目；5目27科166种其他在湿地生活的鸟类，5目为佛法僧目、隼形目、鹰形目、鸮形目和雀形目。

本书介绍4目6科18种有保护等级的滨海鸟类，属于国家一级保护鸟类的有8种（黄嘴白鹭、黑脸琵鹭、勺嘴鹬、小青脚鹬、青头潜鸭、虎头海雕、白腹海雕和白尾海雕），其余滨海鸟类均为国家二级保护鸟类；在这些鸟中有2种极危鸟类（勺嘴鹬和青头潜鸭），4种濒危鸟类（黑脸琵鹭、小青脚鹬、大杓鹬和大滨鹬）和3种易危鸟类（角鹱鹳、黄嘴白鹭和虎头海雕）。

鸟类面临的主要威胁

栖息地丧失或退化

海洋鸟类的栖息地主要包括繁殖期筑巢、觅食的栖息地，以及非繁殖期时觅食的栖息地。而滨海鸟类需要进行迁徙越冬，所以除繁殖栖息地外，还包括迁徙途中经过的觅食栖息地和越冬栖息地。随着社会的发展和时代的进步，人类活动对于自然环境的影响越来越大，造成了鸟类栖息地的大量丧失或退化。这些人类活动包括以下几种：在湿地进行大规模的围垦等农业活动；砍伐海岛上的树木，修建旅游景点或码头等旅游开发活动；过度捕捞等渔业活动，造成水域中食物资源不足；等等。在这些人类对自然的改造活动中，许多鸟类失去了它们繁殖所必需的生态环境，且其栖息地中可利用的食物资源骤减，导致这些鸟类繁殖失败或繁殖力降低，进而导致数量减少。

外来物种入侵

海洋鸟类和一些滨海鸟类会选择在无人小岛上繁殖，这些小岛与世隔绝，岛上对鸟蛋或幼鸟存在威胁的物种较少。但是由于人类活动等因素，一些外来物种，如猫、狗、鼠、蚁等动物来到了岛上。这些外来物种的繁殖能力和适应性很强，它们的入侵对岛上的生态环境造成了严重的破坏，一些物种还会偷食鸟蛋和幼鸟，大大降低了岛上鸟类的繁殖成功率。

人为干扰

由于海洋、海岛和湿地的环境优美，旅游价值高，以及越来越便捷的交通，海滨或湿地旅游已经成为一项热门活动。但是对于生活在这些

环境中的鸟类来讲，游客占据越来越多空间，导致可供它们安全地进行觅食和繁殖的空间越来越小。此消彼长之中，人为干扰成为鸟类面临的严重威胁之一。

在鸟类保护相关法律还未颁布前，人类为了获取鸟类的羽毛或者食用，许多鸟死于猎枪之下，比如拥有洁白羽毛的黄嘴白鹭和不怕人的红脚鲣鸟，因此人为猎杀也是影响鸟类种群数量的重要原因之一。随着相关法律的完善以及对爱鸟护鸟的宣传，捕鸟行为几乎消失。由于海洋鸟类大多集群繁殖，即使只有少部分人捡鸟蛋，也会对鸟类的繁殖产生很大的影响，这也是中华凤头燕鸥濒临灭绝的原因之一。因此，人为捡拾鸟蛋也成为鸟类受到的重要威胁之一。

其他威胁

鸟类面临的威胁还包括以下几方面：栖息地的碎片化，使得鸟类的种群数量下降；气候变化，可能对鸟类的栖息地和食物资源产生影响；环境污染，造成鸟类必需的食物如鱼、虾等的减少或死亡，甚至导致鸟类中毒；传染病，比如禽流感或者寄生虫造成的鸟类死亡；等等。

海洋鸟类

鹱形目

Procellariiformes

　　海洋鸟类中，属于鹱（hù）形目的鸟类有信天翁科、鹱科和海燕科。本书介绍信天翁科的两种珍惜濒危鸟类。信天翁科鸟类的特征：体长为 68 ~ 135 厘米；前翼的骨骼较长，次级飞羽多为 25 ~ 34 枚，翼展（翅膀展开后的总长）可达 3 米，有助于长距离滑翔；几乎一生都生活在海洋上，寿命可达60 年；信天翁一旦确定配偶关系，就会终生相伴。

短尾信天翁

Phoebastria albatrus

短尾信天翁孵卵中

分类地位

鹱形目信天翁科北太平洋信天翁属

形态特征

短尾信天翁体长 84 ~ 100 厘米，翼展可达到 2.29 米，体重达到 11 千克。成年的短尾信天翁，头部和颈部略带黄色，翅上和尾尖的羽毛为黑色，其他部位羽毛为白色，幼鸟却长着一身深褐色的羽毛。

食物

短尾信天翁主要以鱼类、虾类和乌贼等动物为食。

繁殖

短尾信天翁选择海岛作为繁殖地，每年的 10 月份左右，它们就到达了繁殖地。上一年已育过雏的短尾信天翁会修缮旧巢，进行繁殖。新配对的短尾信天翁需要在地面上选择一处浅坑，铺上枯草、苔藓等完成筑巢。短尾信天翁是育雏期最长的鸟之一，每窝只产下一枚卵，需要 75 ～ 82 天小短尾信天翁才破壳而出。小短尾信天翁需由亲鸟精心照顾 270 多天，学会独立生活后飞离海岛。

分布

在中国，短尾信天翁主要分布于山东、广东和台湾等地。

短尾信天翁育雏中

左边的雏鸟是黑背信天翁，右边的雏鸟是短尾信天翁

生存现状

短尾信天翁常年在海洋上空飞翔，偶尔也会在海面上漂浮着歇息，只有繁殖时才会来到海岛。2009年的调查显示，全球有2200～2500只短尾信天翁。由于短尾信天翁身上的白色羽毛较多，在19世纪和20世纪，人们为了获取它的白色羽毛，对其大量捕杀。

1902年和1939年日本火山岛的两次火山爆发，造成了正在岛上繁殖的短尾信天翁大量死亡，以至于到1949年时，人们很难找到它的踪迹，认为短尾信天翁已经灭绝。直到1951年，人们才重新发现了它。而到了21世纪，人类使用的"延绳钓"的捕鱼方法，又致使大量短尾信天翁因追逐鱼类而被误捕。

保护

　　1992 年，造成大量鸟类死亡的流网捕鱼被禁止。2005 年，人们对"延绳钓"使用的渔网进行了改造，避免了信天翁等鸟类被渔网勾住而死。2006 年，中西部太平洋渔业委员会通过了保护短尾信天翁的法案，在短尾信天翁的主要繁殖地建立了自然保护区。

一级
国家重点保护野生动物等级

VU
IUCN 濒危等级

忠贞的信天翁

　　短尾信天翁的寿命为 40～60 岁，它们一般在六岁时开始寻觅伴侣。未成婚的信天翁，通过舞蹈、歌唱展示自己，进行求偶。只有在充分接触、互相了解之后，心意相通的两只信天翁才正式"结为夫妻"。与天鹅一样，短尾信天翁一旦"成婚"，就会终身相伴，不离不弃，此后的每一年都一起繁衍后代。

受救护的短尾信天翁

黑脚信天翁

Phoebastria nigripes

分类地位

鹱形目信天翁科北太平洋信天翁属

形态特征

黑脚信天翁体长 68 ~ 83 厘米。全身的羽毛为烟灰色至黑褐色，仅有嘴基和后腰的羽毛是白色的。它黑色的嘴尖向下，像一个小钩子一样，即使是表皮光滑的乌贼也可以被其稳稳地勾住。

食物

黑脚信天翁捕食乌贼、虾类和鱼类等动物。

繁殖

黑脚信天翁选择海岛作为繁殖地，它们是一夫一妻制。在每年的 10 月份左右，黑脚信天翁到达繁殖地，呼唤伴侣，一同在沙地或者草地上选择一处浅坑，再铺上一些枯草完成筑巢，每窝只产下一枚卵。黑脚信天翁宝宝需要父母照顾六个月左右，才能独立生活。

分布

在中国，黑脚信天翁主要分布于山东、浙江、福建、海南和台湾等地。

生存现状

黑脚信天翁主要在开阔的海域活动，只有繁殖期才会到海岛上生活。19 世纪，为了获取黑脚信天翁的羽毛和蛋，人类对它们进行大规模捕杀，导致其种群数量骤降。20 世纪中后期，人类利用流网捕鱼，导致每年至少 4000 只左右的黑脚信天翁被误捕而死。2003 年的统计结果显示，每年至少有 1.4 万只黑脚信天翁死于人类的渔业活动。根据 2007 年的统计结果，黑脚信天翁的全球种群数量有 5.75 万 ~ 6.5 万只。除了人为因素外，环境污染和自然灾害等也是影响黑脚信天翁生存的重要因素。

黑脚信天翁育雏中

一级

国家重点保护野生动物等级

NT

IUCN 濒危等级

保护

20 世纪末，流网和"延绳钓"等易误捕黑脚信天翁的捕鱼方法被禁止或改进。2006年，中西部太平洋渔业委员会通过了保护黑脚信天翁的法案。

渔船与信天翁

在海面上遇见一艘渔船，对黑脚信天翁意味着什么呢？这可能意味着危险，因为人们在渔船上撒网捕鱼时，可能会把被鱼吸引过来的信天翁误捕。不过有些时候，渔船的出现，也意味着免费的午餐到了。被扔出渔船的废弃渔获物，可是信天翁的美餐呀。因此在海面上飞翔的信天翁，还是满心期待着渔船的到来。

一只被环志的黑脚信天翁

鹈形目

Pelecaniformes

　　鹈形目只有鹈（tí）鹕（hú）科的鸟类为海洋鸟类。鹈鹕科鸟类的特征：体长为105～188厘米，体重2.7～15千克，雄鸟的体形比雌鸟大；翅膀宽大，能以每小时40千米以上的速度飞行；嘴长而宽，上嘴尖向下弯曲呈钩状，下嘴有大喉囊；颈部细长；羽色大多为白色，带有粉红色或灰褐色；脚短，趾间有蹼。

斑嘴鹈鹕

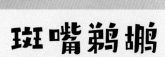

Pelecanus philippensis

分类地位

鹈形目鹈鹕科鹈鹕属

形态特征

斑嘴鹈鹕体长 127 ~ 156 厘米。嘴肉色有蓝色斑点，喉囊紫色。鹈鹕利用像皮袋子一样的喉囊将鱼兜起来，然后用舌部肌肉将喉囊中的水排出，将鱼吞下。此外，斑嘴鹈鹕的嘴呈粉红色，并且上、下嘴的边缘有蓝黑色的小斑点，这是它名字中"斑嘴"的由来。

食物

斑嘴鹈鹕主要捕食鱼类，也吃蛙、蛇和蜥蜴等动物。

繁殖

每年的 9 月至 10 月，斑嘴鹈鹕到达繁殖地，在湖边或者湿地中的大树上筑巢。它的巢很大，由树枝和草编织而成。斑嘴鹈鹕每窝一般产三枚卵，大约经过 30 天，小斑嘴鹈鹕就孵化出来了。三个月后，它就能够独立生活了。

斑嘴鹈鹕喂食中

分布

在中国，斑嘴鹈鹕曾出现于江苏、浙江、福建、广东、广西、云南和海南等地。

生存现状

斑嘴鹈鹕主要活动于沿海湿地、河口和湖泊等地。20世纪以来，斑嘴鹈鹕的野外种群数量一直呈快速下降趋势，它面临的威胁包括人为因素造成的栖息地破坏、食物资源减少等。近年来，已经很难在我国野外见到斑嘴鹈鹕。不过，自1970年斑嘴鹈鹕人工繁殖成功后，目前可以在我国的很多动物园中见到它们的身影。

保护

我国 2021 年公布的《国家重点保护野生动物名录》中，斑嘴鹈鹕的保护等级由二级升为一级。政府为动物园中的斑嘴鹈鹕设置了专项资金，以更好地开展它的保护工作。

海之眼

斑嘴鹈鹕的求婚礼物

在繁殖季节，雄性斑嘴鹈鹕会利用鲜红的喉囊吸引雌性的目光。除了展示漂亮的外表之外，雄鸟还会把用于筑巢的树枝作为礼物送给它心仪的对象，如果雌鸟接受了礼物，那么就表示同意雄鸟的"求婚"。随后，雄鸟负责收集筑巢材料，而雌鸟则在家中利用材料筑巢，它们分工合作，一同建造爱巢。

卷羽鹈鹕
Pelecanus crispus

分类地位

鹈形目鹈鹕科鹈鹕属

形态特征

卷羽鹈鹕体长 160 ~ 183 厘米，是在我国可以见到的三种鹈鹕中体形最大的一种。相较于白鹈鹕和斑嘴鹈鹕顺滑的羽毛，卷羽鹈鹕脑后的羽毛呈卷曲状，微微上翘，这是它名字中"卷羽"的由来。此外，卷羽鹈鹕的嘴为铅灰色，喉囊橘黄色。

食物

卷羽鹈鹕主要捕食鱼类，也吃蟹和蛙等动物。

繁殖

卷羽鹈鹕选择湖泊和沼泽等作为繁殖地。每年的 4 月份左右，卷羽鹈鹕到达繁殖地，在树上或者是芦苇丛中筑巢。它的巢很大，可以达到 1 米高、0.6 米宽。每窝产 1 ~ 3 枚卵，约 32 天小卷羽鹈鹕就能孵化出来。经过亲鸟八九十天的辛勤哺育，小卷羽鹈鹕就能会飞行，之后便开始独立生活。

分布

在中国，卷羽鹈鹕分布于辽宁、内蒙古、新疆、河北、山东、江苏、安徽、河南、浙江、福建、江西、广东、海南和台湾等地。

生存现状

卷羽鹈鹕生活在湖泊、河流和滨海水域等地。据估计，卷羽鹈鹕的全球种群数量在1万～2万只。它面临的威胁包括栖息地环境被破坏、人类过度捕捞造成的食物资源减少、偷猎者的威胁、人类活动对卷羽鹈鹕繁殖造成的干扰等。

卷羽鹈鹕的卵和雏鸟

一级
国家重点保护野生动物等级

NT
IUCN 濒危等级

海之眼

卷羽鹈鹕的人工孵化

1970 年，上海动物园成功实现卷羽鹈鹕的人工孵化和育雏。在卷羽鹈鹕的孵化过程中，孵化温度、孵化湿度和翻蛋频率等是决定孵化是否成功的关键因素。卷羽鹈鹕在自然孵化状态下的孵化温度为 35℃左右，孵化湿度为 57% 左右，翻蛋频率为约一小时翻蛋一次。研究显示，卷羽鹈鹕的人工孵化与自然孵化状态下的温度、湿度和翻蛋频率等存在差异，这可能是人工孵化出的卷羽鹈鹕宝宝容易生病和死亡的原因之一。

保护

2021 年，卷羽鹈鹕在我国的《国家重点保护野生动物名录》中的保护等级由二级升为一级。卷羽鹈鹕也是《非洲欧亚大陆迁徙水鸟保护协定》保护下的一个物种。

鸻形目

Charadriiformes

海洋鸟类中，属于鸻（héng）形目的有鸥科、海雀科。

鸥科鸟类的特征：羽色大多为白色，也有灰色、黑色和棕褐色；翼尖长，善于飞翔；尾羽 12 枚，大多为圆形或者楔形，燕鸥类的尾羽呈叉状；跗跖中等长，前三趾间具蹼，后趾短小，位置略高于前趾；雏鸟羽毛一般为褐色，并有深色花纹，在形态上为早成雏，但需要哺育，习性似晚成雏。

海雀科鸟类的特征：大多翅膀较短小，不善于飞行，但是有较强的游泳和潜水能力；身体较肥壮，尾短；腿短并且位置靠近尾部，站立时似企鹅，直立体态；羽色大多头部和上体黑色，下体白色。

冠海雀
Synthliboramphus wumizusume

分类地位

鸻形目海雀科扁嘴海雀属

形态特征

冠海雀体长 24～26 厘米。羽色由灰色、白色和黑色三色组成。繁殖期间，它的眼睛上方有一条白色眉纹一直延伸至脑后，头顶的黑色长形羽冠非常显眼。非繁殖期时，黑色羽冠消失。冠海雀的体形圆润，翅膀小而有力，飞起来憨态可掬，十分可爱，它还拥有潜水技能。

食物

冠海雀多捕食海中的鱼类和虾类等动物。

繁殖

冠海雀选择海岛作为繁殖地，每窝产卵两枚。卵壳的颜色为黄褐色或者白色，上面点缀着灰色斑点。

繁殖期的冠海雀

分布

在中国，冠海雀在香港和台湾有记录。

生存现状

冠海雀主要分布于日本、韩国和俄罗斯的东亚区。它作为迷鸟或者罕见冬候鸟出现在我国香港和台湾。冠海雀主要活动于近岸海域，繁殖时也出现在海岛上。据估计，冠海雀在全球的种群数量为 2500 ～ 10000 只。1987 年，在日本高野岛上曾发现冠海雀幼鸟被大鼠捕食后的大量遗骨。1990 年，至少有 98 只冠海雀因入海捕鱼被刺网误捕而死，1991 年有 40 ～ 160 只被刺网误捕而死。石油泄漏造成海域的污染，也影响了冠海雀的生存。所以，冠海雀的生存受到渔业捕捞、鼠类等动物捕食以及海洋石油泄漏等因素的影响。

二级
国家重点保护野生动物等级

VU
IUCN 濒危等级

保护

1992 年，国际水域停止了刺网渔业。1987 年至 1988 年，冠海雀繁殖所在的海岛上的大鼠被根除，但是由于渔民的登岛活动，2006 年在海岛上又出现了大鼠的踪迹，这可能会对冠海雀的种群数量造成一定影响。

冠海雀与扁嘴海雀

冠海雀与扁嘴海雀的长相相似，不过扁嘴海雀的分布范围比冠海雀更广，数量也较多。它们的最大区别是，冠海雀头顶的羽冠为黑色的丝状羽，而扁嘴海雀则没有。

冠海雀

中华凤头燕鸥

Thalasseus bernsteini

分类地位

鸻形目鸥科凤头燕鸥属

形态特征

中华凤头燕鸥体长 38 ～ 43 厘米。它原名黑嘴端凤头燕鸥，后者体现了它的两个重要辨认特征，也就是"黑嘴端"和"凤头"。中华凤头燕鸥有一个蓬松、华丽的大羽冠，人们常将这种特征称为"凤头"，拥有"凤头"的鸟类还有凤头潜鸭、凤头鸊鷉等。此外，它的嘴为橙黄色，并且嘴尖为黑色，即"黑嘴端"，与它相似的大凤头燕鸥则没有"黑嘴端"的特征。

食物

中华凤头燕鸥主要以鱼类为食。

繁殖

中华凤头燕鸥喜欢选择海中的无人小岛作为繁殖地。大约每年的 4 月份，它们来到小岛上，在地面上挖一个合适的浅坑作为爱巢，一般每窝只产下一枚卵。中华凤头燕鸥亲鸟轮流孵卵，并时不时地调整卵的角度保证温度适宜。在二十几天之后，小中华凤头燕鸥破壳而出，由亲鸟轮流外出捕鱼喂养。随着它食量的增加，就需要跟随亲鸟一块儿外出觅食。大约经过一个月的喂养，它就能够独立生活了。

分布

在中国，中华凤头燕鸥分布于天津、山东、江苏、浙江、福建、广东、广西和台湾等地。

中华凤头燕鸥育雏中

生存现状

中华凤头燕鸥一般出现在开阔海域和小岛等地，有时也会在海岸停歇。据估计，中华凤头燕鸥在全球约有150只，为极危物种。它主要面临以下几方面的威胁：台风造成的鸟蛋遗失和幼鸟死亡；食物不足导致幼鸟的死亡率上升；海岛的旅游开发和人为捡蛋等因素对中华凤头燕鸥繁殖的干扰。

保护

东亚－澳大利西亚迁飞区伙伴关系协定（EAAFP）将2022年定为"燕鸥年"，对中华凤头燕鸥等鸟类开展宣传和保护工作。2021年，中华凤头燕鸥在《国家重点保护野生动物名录》中的保护级别由二级上升至一级。自2013年至今，浙江省的象山韭山列岛国家级自然保护区联合浙江自然博物院等组织，开展了中华凤头燕鸥"种群人工招引与恢复"项目。据统计，保护区目前已成功孵化了至少110只中华凤头燕鸥。

一级

国家重点保护野生动物等级

CR

IUCN 濒危等级

海之眼

神话之鸟——中华凤头燕鸥

1861年，中华凤头燕鸥在印度尼西亚被首次记录。1937年，在中国的山东青岛采集到了它的标本，此后的63年内，中华凤头燕鸥一直在国内失去踪迹。直到2000年，人们才在福建马祖列岛发现了它的身影。因为中华凤头燕鸥的行踪神秘，并且极其罕见，所以被称为"神话之鸟"。

中华凤头燕鸥与它的卵

大凤头燕鸥
Thalasseus bergii

分类地位

鸻形目鸥科凤头燕鸥属

形态特征

大凤头燕鸥体长 45～53 厘米，体形较中华凤头燕鸥更大。在繁殖期时，大凤头燕鸥的前额和眼先为白色，顶冠至枕部的蓬松羽冠以及眼周的羽毛都为黑色，嘴为黄绿色。当它飞行时，从下往上看，大凤头燕鸥似乎除了翅尖外的羽毛都为白色；从上往下看，可以看到它的背部、翼上和尾部的羽毛都为深灰色。非繁殖期时，它的额部、头顶和眼周的羽毛变为白色，露出了整个眼睛。

食物

大凤头燕鸥主要捕食鱼类，偶尔也吃虾蟹类等。

繁殖

大凤头燕鸥选择海岛或者沿海的沙滩进行繁殖。每年的 5 月份左右，它们到达繁殖地，在草地或者岩礁地面上筑巢，卵直接产于地面凹陷处。有时在巢的周围放上几颗小石子，避免卵滚动。大凤头燕鸥一般每窝只产下一枚卵，孵化期为 25 ~ 30 天。雏鸟由雌雄亲鸟共同喂养约 40 天后，就可以离巢生活，在亲鸟的帮助下学习飞行。

分布

在中国，大凤头燕鸥分布于浙江、福建、广东、广西、海南和台湾等地。

生存现状

大凤头燕鸥的全球种群数量稳定，分布范围广，被 IUCN 评估为无危物种。它面临的主要威胁：非法捡鸟蛋导致的繁殖失败；人类对鱼类的过度捕捞，造成它的食物资源减少；外来物种入侵繁殖地，如鼠类和蛇类对于鸟蛋和幼鸟的威胁；人类活动对大凤头燕鸥繁殖的干扰；等等。

大凤头燕鸥的卵

大凤头燕鸥的雏鸟

二级
国家重点保护野生动物等级

LC
IUCN 濒危等级

保护

自 2013 年 4 月起，在象山的韭山列岛和舟山的五峙山列岛上，陆续开展了"燕鸥种群人工招引和恢复"项目。2013 年至 2016 年间，人工招引项目吸引了超过 1.53 万只大凤头燕鸥的到来，并成功繁殖了至少 5000 只大凤头燕鸥。东亚 - 澳大利西亚迁飞区伙伴关系协定将 2022 年定为"燕鸥年"，对大凤头燕鸥等鸟类开展宣传和保护工作。2021 年，大凤头燕鸥被列入我国的《国家重点保护野生动物名录》，成为国家二级保护野生动物。

相伴而生的大凤头燕鸥和中华凤头燕鸥

由于大凤头燕鸥与中华凤头燕鸥经常混群繁殖，因此，人们在研究中华凤头燕鸥时，难免会探讨这两种燕鸥之间的关系。根据研究，大凤头燕鸥与中华凤头燕鸥吃的食物种类和大小基本相同；繁殖周期、巢址的选择和每窝的产卵数也相同，总是同一时间来到繁殖地，在同一地点混群筑巢，最后再一起飞离。经野外观察和分子生物学证实，中华凤头燕鸥和大凤头燕鸥之间还存在杂交。

相伴而生的大凤头燕鸥和中华凤头燕鸥（田穗兴　摄影）

河燕鸥

Sterna aurantia

分类地位

鸻形目鸥科燕鸥属

形态特征

河燕鸥体长 38～47 厘米。它原名黄嘴河燕鸥，有着黄色的大嘴和红色的腿，这也是河燕鸥身上色彩最鲜艳的两个部位。河燕鸥的头顶和脑后为黑色，看起来就像是戴着一顶黑色"头盔"，显得霸气十足。

食物

河燕鸥捕食鱼类等动物。

繁殖

河燕鸥选择河边的沙洲或石滩作为繁殖地。每年的 3 月左右，河燕鸥开始筑巢，过程非常简单，就是在地面上挖出一个浅坑。每窝大约产三枚卵，壳的颜色和周围石子儿或沙子的颜色非常接近，不细心观察的话，这些卵很难被发现。从产卵到小河燕鸥独立生活，约需要一个半月的时间。

河燕鸥的卵及雏鸟

分布

河燕鸥偶尔在沿海河口有发现，在中国仅分布于云南西部和西藏东南部。

生存现状

河燕鸥主要在大型的河流地带生活。近年来，人们在云南省的大盈江流域多次看到河燕鸥的身影，不过每年的数量都不超 13 只。大约在每年的 12 月，河燕鸥到达大盈江，直至次年的 7 月初离开。河燕鸥的分布区域狭窄和数量稀少是制约其种群数量上升的关键因素。

正在学习飞行的幼鸟

一级
国家重点保护野生动物等级

VU
IUCN 濒危等级

保护

在大盈江流域，人们开展了保护河燕鸥的专项工作。对河燕鸥采取以下几项保护措施：加强对于河燕鸥繁殖地的保护与管理；搭建人工护巢网；加强宣传，禁止捡鸟蛋；等等。

河燕鸥的"贵宾"待遇

大盈江流域是河燕鸥在我国的重要繁殖地，为了保护河燕鸥，盈江县采取了多种有效措施，例如：叫停江州采砂，保护河燕鸥的筑巢地；严厉打击电鱼的行为，保证河燕鸥能够捕到充足的鱼；在河燕鸥筑巢地附近搭设围网，确保雏鸟能够顺利长大；加强宣传教育，禁止捡鸟蛋的行为；申请专项资金，聘请护鸟员保护河燕鸥；等等。

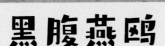

黑腹燕鸥

Sterna acuticauda

分类地位

鸻形目鸥科燕鸥属

形态特征

黑腹燕鸥体长 32 ~ 35 厘米。和其他燕鸥一样，它的尾巴像是打开的剪刀，形似燕子，这也是它被叫作燕鸥的原因。与众不同的是，黑腹燕鸥的腹部为黑色，像沾了一大块墨迹，边缘晕染开来。喙和脚是鲜艳的橙红色，像是熟透了的橙子，即使从远处看，也非常显眼。

食物

黑腹燕鸥主要捕食河流或者稻田中的鱼类、虾类等动物。

繁殖

每年的 3 月份左右，黑腹燕鸥来到大型水域附近的沙地上进行筑巢。虽说是筑巢，但是这个过程非常简单，只是在沙地上挖出一个浅坑就可以了。黑腹燕鸥每窝产卵三枚，仅需要 15 天左右，小黑腹燕鸥就破壳而出啦。

分布

在中国，黑腹燕鸥在云南和湖北等地出现。

生存现状

黑腹燕鸥在中国非常罕见。最近的一次记录是 2021 年的 3 月 23 日，在云南的盈江，记录到一只黑腹燕鸥。上一次记录黑腹燕鸥出现在盈江还是在 1960 年的 5 月 11 日。也就是说两次记录的时间相隔了 61 年之久。除了云南盈江，在湖北的神农架国家级自然保护区和云南景洪也曾有过黑腹燕鸥的记录。

飞行中的黑腹燕鸥

二级

国家重点保护野生动物等级

EN

IUCN 濒危等级

保护

2000年，黑腹燕鸥被列入《国家保护的有益的或者有重要经济、科学研究价值的陆生野生动物名录》。2021年，黑腹燕鸥被列入我国的《国家重点保护野生动物名录》。

海之眼

撞名的黑腹燕鸥

黑腹燕鸥在我国非常罕见，而另一种"黑腹燕鸥"却非常容易见到，那就是须浮鸥。在台湾，因为须浮鸥腹部羽毛颜色也为黑色，所以也被称为黑腹燕鸥。虽然两种"撞名"的鸥的腹部都为黑色，但是须浮鸥的尾羽只是略微分叉，而黑腹燕鸥尾羽是如剪刀般的深开叉。此外，须浮鸥的翅下羽毛为灰色，而黑腹燕鸥的翅下羽毛为白色。两种鸥的拉丁学名也是不同的。每种动物都有它独一无二的拉丁学名，相当于它的"身份证"。如果你发现两个物种的中文名字一样，那么不妨看一看它们的拉丁学名吧。

须浮鸥

黑嘴鸥

Chroicocephalus saundersi

分类地位

鸻形目鸥科彩头鸥属

形态特征

黑嘴鸥体长 30 ~ 33 厘米。在非繁殖期时，头部的羽毛大体为白色，头顶和脑后的羽毛略带灰色，眼后有一黑斑。而在繁殖期时，头部的羽毛会变成黑色，眼睛的上方和下方各点缀着一块月牙形白斑，两块白斑在眼尾处相连，在眼先处断开。不过，无论黑嘴鸥的体色怎样变化，嘴都为黑色，这是它至关重要的辨认特征。

食物

黑嘴鸥主要吃鱼类、虾类和水生昆虫等动物。

繁殖

黑嘴鸥选择在海边的盐碱地、河口泥滩等沿海开阔地带繁殖，每年的5月份左右，黑嘴鸥来到繁殖地，用碱蓬等植物的茎叶，在土丘或者是杂草丛中筑巢。每窝大约产三枚卵，每隔一天产下一枚卵，孵化期为21～23天。破壳而出的小黑嘴鸥，经过亲鸟约40天的照顾，就能尝试飞行，独立活动。

分布

在中国，黑嘴鸥分布于辽宁、河北、山东、江苏、浙江、福建、广东、广西、海南和台湾等地。

生存现状

黑嘴鸥主要活动于沿海的泥滩、盐碱地和河口等地。根据2006年湿地国际的统计数据，黑嘴鸥在全球范围内的种群数量为7100～9600只。2010年，在我国的辽河口国家级自然保护区中，黑嘴鸥的种群数量达到了8600只。全球约70%的黑嘴鸥都在辽河口繁殖，因此，我国是黑嘴鸥最重要的繁殖地。黑嘴鸥主要面临以下几方面的威胁：人类的开发活动，破坏了黑嘴鸥的繁殖生境；频繁的人类活动干扰黑嘴鸥对巢址的选择，偷盗鸟蛋的现象也时有发生；黑嘴鸥繁殖所需的碱蓬等植物退化，且退化逐年加剧，使得它们繁殖地面积也逐年缩小。

黑嘴鸥（繁殖期）

海之眼

消失的黑嘴鸥繁殖地

黑嘴鸥的繁殖地，主要包括我国江苏的盐城海岸、山东的黄河三角洲和辽宁的辽河口等，此外，在韩国也存在着零星的繁殖地。21世纪以前，黑嘴鸥的繁殖地并不只有这些。在2000年，由于土地围垦和人为干扰，河北滦河口中适宜黑嘴鸥繁殖的生境几乎全部消失。在2005年，由于苇塘经营转制，鸭绿江口哨流沟中的繁殖生境也已消失。而2002年，由于新建机场、填湖造地等，韩国的永重岛、松岛和始花湖等地已经不适宜黑嘴鸥繁殖。不过好消息是，在曾是世界四大黑嘴鸥繁殖地之一的滦河口湿地等地，已经开始开展恢复黑嘴鸥繁殖生境的科研工作。

一级

国家重点保护野生动物等级

IUCN 濒危等级

保护

对黑嘴鸥采取的主要保护措施：保护黑嘴鸥的栖息地，尤其是对于繁殖生境的保护，防止人类活动对于繁殖生境的破坏；在黑嘴鸥保护区内，开展巡护监测工作，特别是在繁殖期，需要定期巡检，防止人类的干扰以及偷鸟蛋行为。

黑嘴鸥（非繁殖期）

遗鸥
Ichthyaetus relictus

分类地位

鸻形目鸥科渔鸥属

形态特征

遗鸥体长 38 ~ 46 厘米。在非繁殖期时，全身羽毛大体为白色，颈后有褐色斑点，翅膀灰色，尾尖黑色。而在繁殖期时，遗鸥头部的羽毛都变成了黑色，眼睛的上、下方各点缀了一枚"白月牙"，如此特殊的"眼妆"让遗鸥的眼睛看起来像开了大眼特效。

遗鸥（非繁殖期）

遗鸥（繁殖期）

食物

遗鸥多捕食水中的昆虫和虾类等动物。

繁殖

遗鸥对于繁殖场地的要求异常苛刻，仅选择荒漠里的湖心岛作为繁殖场地。每年的 5 月份左右，遗鸥飞到湖心岛，利用枯草在地面上筑巢。由于岛内的地面面积有限，遗鸥的巢总是一个挨着一个，两个巢的最近距离甚至仅有 7 厘米。每窝一般产 2～3 枚卵，经过 24～26 天的孵化，小遗鸥就出壳了，并且已经穿上了一身绒羽，待羽毛晒干后就可以踉跄行走。10 月份左右，长大的它们就可以跟着亲鸟飞往南方了。

分布

在中国，遗鸥分布于辽宁、内蒙古、新疆、河北、山东和江苏等地。

一级

国家重点保护野生动物等级

VU

IUCN 濒危等级

遗落之鸥——遗鸥

1931年，瑞典鸟类学家埃纳尔·隆伯格（Ejnar Lonnberg）在中国额济纳旗收集到了一些鸟类标本，其中就有遗鸥。在当时，隆伯格认为遗鸥是黑头鸥在东方的一个亚种，并将其命名为 *Larus relictus*，意思是"遗落之鸥"。在随后的几十年中，遗鸥被认为是棕头鸥的一种特殊色型，或者是渔鸥和棕头鸥的杂交后代。直到1971年，苏联鸟类学家奥埃佐夫（Auezov）发现了遗鸥与棕头鸥的生殖隔离后，遗鸥才成为一个独立物种。

生存现状

遗鸥主要分布于平原和荒漠地带的湖泊附近。2019年的同步调查显示，遗鸥的全球种群数量为1.5万～3万只。它们主要面临以下几方面的威胁：栖息地尤其是繁殖地环境遭受破坏；生存的荒漠环境气候干燥、降水量少、风力强，非常容易出现水土流失、湿地功能退化的情况，影响遗鸥的觅食和生存；此外，连年干旱和人类对水资源的过度利用造成的湖水干涸，湖心岛生境消失，使得遗鸥繁殖成功率大大降低。

保护

遗鸥被列入《中国脊椎动物红色名录》《濒危野生动植物种国际贸易公约》和《保护迁徙野生动物物种公约》名单中。采取的保护措施：控制对遗鸥繁殖地周边地下水的开采；加强对遗鸥繁殖地的管理；必要时进行湖心岛的生态修复工程等。

小鸥

Hydrocoloeus minutus

分类地位

鸻形目鸥科小鸥属

形态特征

小鸥体长 24 ～ 30 厘米。在非繁殖期时，嘴为黑色，头部基本为白色，头顶和脑后略带灰色，眼后还点缀着一个月牙形的黑斑。但到了繁殖期，头部变为黑色，嘴为黑色至暗红色，所以即使近距离观察，也很难在它全黑色的面部中找到眼睛的轮廓。

小鸥（繁殖期）

小鸥（非繁殖期）

食物

小鸥主要吃昆虫和虾类等小动物。

繁殖

小鸥选择湖边、河边或者沼泽作为繁殖地。每年的 5 月份左右，小鸥来到繁殖地，选择在水边的杂草丛中，利用枯草和芦苇等植物的茎叶筑巢。每窝产 2～3 枚卵，由亲鸟轮流孵化。

分布

在中国，小鸥曾出现在黑龙江、新疆、内蒙古、青海、河北、山西、江苏、四川、云南、香港和台湾等地。

生存现状

小鸥主要活动于湖泊、河流、水塘、沼泽和海岸等水域及周边地区。根据 2018 年国际鸟盟发布的统计数据，小鸥的全球种群数量为 9.7 万～27 万只，种群数量稳定，分布范围广，被 IUCN 评估为无危物种。不过在我国，小鸥的数量稀少，比较罕见。

小鸥的卵

二级

国家重点保护野生动物等级

LC

IUCN 濒危等级

保护

2021 年，小鸥被列入我国的《国家重点保护野生动物名录》中，是国家二级保护动物。

海之眼

小鸥的足迹

小鸥的繁殖地区主要在欧洲的北部以东，从哈萨克斯坦一直到西伯利亚。而在中国，小鸥也有多处繁殖地，包括内蒙古的额尔古纳河流域和新疆的阿尔泰地区等地。小鸥除了会在繁殖地区活动，也会迁徙到越冬地过冬，比如北美洲东部、欧洲西部、中国东部沿海地区。

黑浮鸥
Chlidonias niger

分类地位

鸻形目鸥科浮鸥属

形态特征

黑浮鸥体长22～26厘米。在繁殖期时，浑身的羽毛会变得漆黑无比，头部、嘴部和尾尖的羽毛为黑色，颜色最深，而背部、翼上的羽毛和胸腹部为灰黑色，颜色稍浅。当黑浮鸥飞行时，可以看见它的翼下及尾下羽毛为白色，脚暗红色，胸部两侧各有一块黑斑。而在非繁殖期，除头顶至眼后依旧为黑色外，头部基本为白色，胸部、腹部至尾下也变为白色。

黑浮鸥（非繁殖期）

黑浮鸥（繁殖期）

黑浮鸥的巢及卵

黑浮鸥喂食雏鸟

食物

黑浮鸥主要吃水中的昆虫和蛙类，也吃鱼类和虾类等动物。

繁殖

黑浮鸥选择湖泊、河流沿岸或者沼泽等地繁殖。每年的 5 月份左右，黑浮鸥在繁殖地浅水区域的芦苇丛或水草丛中筑巢。每窝一般产三枚卵，孵化期为 14 ～ 17 天。

分布

在中国，黑浮鸥分布于新疆、甘肃、内蒙古、宁夏、河北、湖北、香港和台湾等地。

生存现状

黑浮鸥主要活动于湖泊、河流和沼泽地带，有时也出现在沿海地区。它在全球的种群数量稳定，分布范围广，被 IUCN 评估为无危物种。根据 1994 年和 1996 年的统计数据，黑浮鸥在荷兰的数量为 3000 ～ 40000 只，而在俄罗斯，黑浮鸥的数量超过了 20000 只。它主要面临以下几方面的威胁：人类排水造成湿地水位上涨；开发改造对黑浮鸥繁殖生境的破坏；湿地的水体存在富营养化等污染。

二级

国家重点保护野生动物等级

LC

IUCN 濒危等级

保护

2021年，黑浮鸥被列入我国的《国家重点保护野生动物名录》，为国家二级保护野生动物。

黑浮鸥特殊的繁殖生境

黑浮鸥繁殖所需的生境比较特殊，必须在一片有水的植物丛中，如芦苇丛。一些季节性池塘非常符合黑浮鸥的繁殖需求，在5月份左右，水位上涨，淹没了一些岸边植物，黑浮鸥就在这些被淹没的植物间筑巢。它的巢属于浮巢，非常防水。不过，黑浮鸥一般会把巢建在高于水面的植物上，因此繁殖地的水位必须合适。如果水位太高，将大部分植物淹没，那么黑浮鸥就没有合适的位置筑巢；而水位太低的话，一些蛙类便不会将卵产到这片水域，黑浮鸥就没法捕捉到充足的蝌蚪或者幼蛙来喂养雏鸟。

黑浮鸥的浮巢

鲣鸟目

Suliformes

海洋鸟类中，属于鲣（jiān）鸟目的有军舰鸟科、鲣鸟科和鸬（lú）鹚（cí）科。

军舰鸟科鸟类的特征：体长为 74 ~ 114 厘米；两翼狭长，末端较尖；尾羽长，呈剪刀形；雄性军舰鸟的喉部有红色喉囊；嘴长而粗壮，尖端向下弯曲呈钩状；四趾均向前，趾间有蹼；常常凭借极快的飞行速度和高超的飞行技巧，从后方攻击其他海鸟，迫使其吐出食物，再快速俯冲获取被吐出的食物。

鲣鸟科鸟类的特征：体长为 60 ~ 92 厘米；翼长而尖，且较窄，翅展为 140 ~ 175 厘米；尾羽较长，呈楔形；体羽多为白色、褐色和灰色；脸部和喉囊的皮肤裸露，且颜色鲜艳；嘴较粗壮，长而尖，边缘呈锯齿状，上嘴尖微微下弯；成鸟的鼻孔完全闭合；全蹼足；尾脂腺发达，擅长潜水。

鸬鹚科鸟类的特征：体长为 45 ~ 102 厘米；体羽均为深色，如黑色和深棕色，部分羽毛带金属光泽；眼睛的虹膜颜色大多为蓝色或者绿色；嘴长而粗，嘴尖向下呈钩状；全蹼足；尾脂腺不发达，虽然以潜水捕鱼为生，但是羽毛的防水性差，鸬鹚经常站在石头上，张开翅膀晾晒，使羽毛变干。

白腹军舰鸟

Fregata andrewsi

分类地位

鲣鸟目军舰鸟科军舰鸟属

形态特征

　　白腹军舰鸟体长 89 ~ 100 厘米。嘴为浅粉色，全身羽毛大体为黑色，尾长且呈深叉形，善于飞翔。雄鸟的喉部有红色的喉囊，腹部白色，羽毛泛绿色的金属光泽；而雌鸟除了腹部为白色之外，颈部、胸部到翅膀基部也为白色。

食物

白腹军舰鸟主食为鱼类，也吃水母和蟹类等水生动物，有时会抢夺其他海鸟口中的食物。

繁殖

每年的 4 月份左右，白腹军舰鸟到达海岛繁殖地。白腹军舰鸟夫妇共同筑巢，雄鸟负责收集树枝、海草等筑巢材料，有时还会抢夺其他海鸟的材料。雌鸟负责利用收集到的材料在树上或灌丛中筑巢，然后产下 1 ~ 2 枚卵。大约需要 40 天的孵化期，小白腹军舰鸟才破壳而出。经过亲鸟半年的喂养，它就开始学习飞行和捕食技巧，准备独立生活了。

分布

在中国，白腹军舰鸟偶见于浙江、福建、广东和海南。

生存现状

白腹军舰鸟多活动于远海，偶尔会出现在近海海域，全球种群数量为 2400 ~ 4800 只。它面临的威胁包括自然灾害、繁殖地被破坏等。在 2000 年左右，人们在白腹军舰鸟的繁殖地中，发现了对环境破坏力极强的入侵物种——细足捷蚁。这种蚂蚁会饲养蚜虫，在植物的根系间筑巢，导致大片树木枯死，并且攻击性强，会试图杀死白腹军舰鸟雏鸟在内的许多动物。细足捷蚁的入侵，严重破坏了白腹军舰鸟繁殖地的环境，对它们的生存和繁殖空间产生了很大影响。

细足捷蚁

一级

国家重点保护野生动物等级

CR

IUCN 濒危等级

保护

　　白腹军舰鸟在 1988 年就被列为受威胁的物种，1994 年提升至易危物种。目前，它被评为极危物种，是中国的国家一级保护野生动物，并且也被列入《世界自然保护联盟濒危物种红色名录》之中。

海之眼

喉囊的作用

　　喉囊位于鸟类喉部，是没有羽毛覆盖、向外凸起的囊状结构。鸟类可以用喉囊兜捕或者暂时存放猎物，甚至利用它进行求偶。繁殖季节时，雄鸟会鼓起红色的喉囊。喉囊的颜色越鲜艳，就代表着军舰鸟的身体越健康，越能吸引雌鸟的目光。如果雌鸟接受了雄鸟的求爱，就会走上前，用头触碰雄鸟的身体，表示愿意和它成为配偶。

一对黑腹军舰鸟

黑腹军舰鸟

Fregata minor

分类地位

鲣鸟目军舰鸟科军舰鸟属

形态特征

黑腹军舰鸟体长 80 ～ 105 厘米。无论雌雄，腹部都为黑色，这是它被称为"黑腹"军舰鸟的缘由。雄鸟全身的羽毛都为黑色，嘴也是黑灰色的，红色的喉囊是它身上最为鲜艳的部位。而雌鸟的喉部和胸部为白色，没有红色的喉囊。

黑腹军舰鸟和它的雏鸟

食物

黑腹军舰鸟主要以鱼类为食，有时会抢夺其他鸟类的食物。

繁殖

黑腹军舰鸟选择海岛作为繁殖地。每年的4月份左右，黑腹军舰鸟到达繁殖地，在灌丛或者树上筑巢。筑巢的材料主要为树枝，由于岛上适宜筑巢的材料不多，有时黑腹军舰鸟会从其他鸟的巢中偷取树枝。每窝一般产一枚卵，有时也产两枚。小黑腹军舰鸟需要在巢中待上17～23周之后，才可以离巢学习飞行。幼鸟学会飞行之后，仍需要亲鸟照顾5～18个月，才能独立生活。

分布

在中国，黑腹军舰鸟偶见于河北、江苏、福建、广东、海南和台湾等地。

生存现状

黑腹军舰鸟主要在沿海至远洋海域活动，在繁殖期会出现在海岛上。它在全球分布广泛，种群数量稳定，被IUCN列为无危物种。然而在中国，黑腹军舰鸟的种群数量较少，只在海南的西沙群岛繁殖。不过在西沙群岛，适宜黑腹军舰鸟筑巢的岛屿正逐渐减少。由于人类的开发活动，许多岛屿上的树木、灌丛被砍伐，只有东岛保留了大片树林，为黑腹军舰鸟提供了一片宝贵的繁殖地。但是近年来，由于外来物种的入侵以及人类活动，东岛适宜军舰鸟繁殖的区域在不断地缩小，急需保护。

二级

国家重点保护野生动物等级

LC

IUCN 濒危等级

海之眼

来自黑腹军舰鸟的疑问："我有几种称呼？"

黑腹军舰鸟的拉丁学名为 "Fregata minor"，因为其中 "minor" 这个单词的英文意思是 "较小的"，所以有人将它翻译为小军舰鸟，而黑腹军舰鸟的英文名字为 "Great Frigatebird"，翻译为中文就是大军舰鸟的意思，以至于黑腹军舰鸟至少有三个中文名，比如在约翰·马敬能主编的《中国鸟类野外手册》（马敬能新编版）中，它被称为大军舰鸟，而在郑光美主编的《中国鸟类分类和分布名录》（第三版）中，它被称为黑腹军舰鸟。本书选择 "黑腹军舰鸟" 作为它的中文名。

保护

黑腹军舰鸟被列入中国的《国家重点保护野生动物名录》，是国家二级保护野生动物。

白斑军舰鸟
Fregata ariel

分类地位

鲣鸟目军舰鸟科军舰鸟属

形态特征

白斑军舰鸟体长 66 ~ 81 厘米，是体形最小的军舰鸟。无论雌雄，白斑军舰鸟的翅膀基部，也就是"腋窝"部位的羽毛为白色。雄鸟除翅膀基部外，其他部位的羽毛颜色都为黑色，拥有红色的喉囊。而雌鸟的翅膀基部和胸、腹部羽毛为白色，其余部分的羽毛为黑色。

食物

白斑军舰鸟主要捕食鱼类，也吃章鱼和虾类等动物。

繁殖

　　白斑军舰鸟一般在海岛上筑巢，时间不定，全年都可以繁殖，但是一般选择在 5—12 月。它主要在树上或者灌丛中利用树枝筑巢，每窝产一枚卵，孵化期大约为 40 天，育雏期长达一年之久。

分布

　　在中国，白斑军舰鸟偶见于浙江、福建、广东、海南和台湾等沿海地区，也曾出现在河南等内陆地区。

生存现状

　　白斑军舰鸟主要活动在海洋或者海岛上，被 IUCN 列为无危物种。在中国，白斑军舰鸟的种群数量在 1000 只以内，是我国沿海出现概率最高的军舰鸟。它面临的主要威胁有海洋污染，繁殖地减少，自然因素、入侵物种或人为活动等导致的繁殖失败。

二级

国家重点保护野生动物等级

LC

IUCN 濒危等级

保护

在 2021 年公布的《国家保护的有益的或者有重要经济、科学研究价值的陆生野生动物名录》，白斑军舰鸟提升为国家二级保护野生动物。

军舰鸟雏鸟的羽色之变

虽然军舰鸟长大之后，全身的羽毛颜色几乎都为黑色，而小军舰鸟却像是白绒球一样，长着一身白色的绒羽。当小军舰鸟慢慢长大，白色绒羽会逐渐脱落，黑色正羽随之长出，"白绒球"就慢慢变成了霸气的"黑剑客"。在这个过程中，军舰鸟头部的羽毛是最晚变成黑色的，所以一些亚成鸟头上的羽毛为过渡色——棕白色。

白斑军舰鸟的卵和雏鸟

蓝脸鲣鸟

Sula dactylatra

分类地位

鲣鸟目鲣鸟科鲣鸟属

形态特征

蓝脸鲣鸟体长 81 ~ 92 厘米。全身羽毛大体为白色，翅上的飞羽和尾羽为黑色。虽然名字中带"蓝脸"两个字，但是它脸部皮肤的颜色其实是黑色的，所以有些人也叫它黑脸鲣鸟。不过如果近距离观察，可以发现蓝脸鲣鸟的黑脸与它黄色的大嘴之间，存在着深蓝色的过渡色，这就是它叫作蓝脸鲣鸟的缘由。

蓝脸鲣鸟及其幼鸟

食物

蓝脸鲣鸟主要捕食鱼类，也吃乌贼和虾类等动物。

繁殖

蓝脸鲣鸟主要选择海岛作为繁殖地，通常集群一起筑巢，占据面积超过50 平方米的繁殖地，不让其他鸟类在领域内筑巢。蓝脸鲣鸟一般每窝产两枚卵，孵化期为43 天左右，破壳而出的小蓝脸鲣鸟需要亲鸟照顾四个月左右，才能离巢学习飞翔。

分布

在中国，蓝脸鲣鸟出现在福建和台湾等地。

活动踪迹

蓝脸鲣鸟主要活动于热带海洋中，繁殖期也会在海岛上活动。在全球范围内，蓝脸鲣鸟的分布非常广泛，在太平洋等热带海域中生活。它在全世界有六个亚种，在中国出现的是蓝脸鲣鸟太平洋亚种，此外还有蓝脸鲣鸟西印度洋亚种、蓝脸鲣鸟印尼亚种等，根据亚种名称中包含的地理信息，不难看出蓝脸鲣鸟的活动范围。

保护

蓝脸鲣鸟被列入中国的《国家重点保护野生动物名录》。它分布范围广，未接近物种生存的脆弱濒危临界值标准，种群数量趋势稳定，因此被评价为无生存危机的物种。

蓝脸鲣鸟的雏鸟及产下的另一枚卵

海之眼

备卵的遗憾

虽然蓝脸鲣鸟每窝只产两枚卵，但是因为成鸟的体形大，需要消耗的能量较多，加上食物资源匮乏，因此蓝脸鲣鸟夫妇无法将两只宝宝都成功喂养长大。在这种情况下，蓝脸鲣鸟夫妇是如何给幼鸟分配食物的呢？蓝脸鲣鸟不是同时产下两枚卵的，第二枚卵通常会比第一枚卵晚六天产下，因此，在第二只宝宝孵化后，第一只雏鸟已经长得很大了。雏鸟的体形越大，越容易吃到父母带回来的食物。如果先孵化出的雏鸟没有发生被天敌伤害等意外，那么第二只雏鸟往往活不到成年。

红脚鲣鸟

Sula sula

分类地位

鲣鸟目鲣鸟科鲣鸟属

形态特征

红脚鲣鸟体长66～77厘米。体色基本为白色，翅膀边缘为黑色，拥有一双十分显眼的红色脚。除了脚的颜色鲜艳之外，嘴的颜色也很丰富。雄鸟的嘴整体为蓝色，雌鸟的嘴偏黄绿色，不过嘴基都呈现出亮眼的红色。

红脚鲣鸟及雏鸟

食物

红脚鲣鸟主要捕食鱼类，也吃鱿鱼和乌贼等。

繁殖

红脚鲣鸟选择海岛或海岸作为繁殖地，全年都可以繁殖，不过多从 3 月开始。红脚鲣鸟收集树枝和干草等，在树上或灌木丛中筑巢。每窝一般只产一枚卵，孵化期 42 ~ 46 天。经过亲鸟约四个月的照料后，学会飞行的幼鸟就能独立生活了。

分布

在中国，红脚鲣鸟出现在浙江、广东、海南、香港和台湾等地。

生存现状

红脚鲣鸟主要活动于热带海域或海岛上，在全球的种群数量庞大，超过90 万只。它主要面临以下几方面的威胁：人类对红脚鲣鸟的大量捕食；外来物种入侵、环境污染和人类活动对红脚鲣鸟繁殖的影响。

二级

国家重点保护野生动物等级

LC

IUCN 濒危等级

保护

1980年，我国在红脚鲣鸟的主要繁殖地西沙群岛设立了红脚鲣鸟的自然保护区，为5万~10万只红脚鲣鸟提供了栖息地。

不怕人的鲣鸟

在20世纪50年代，对一些居住在海岛上的人来说，鲣鸟是非常容易获取的食物资源。这是因为鲣鸟不怕人，即使有人朝它走近，它也不会挪动一步。在红脚鲣鸟的英文名Redfooted Booby中，"Booby"有"傻"的意思，就是暗指它不怕人，显得非常"傻"。因为它的这种特性，大量红脚鲣鸟遭到人们的捕杀。比如在20世纪50年代，人们发现西沙的武德岛上存在着大量不怕人的红脚鲣鸟，于是拿着棍棒对它们进行猎杀。仅仅五年后，红脚鲣鸟就在武德岛上几乎绝迹了。如今，红脚鲣鸟是我国的二级保护野生动物，被禁止捕杀和买卖，数量趋于稳定。

褐色型红脚鲣鸟

褐鲣鸟

Sula leucogaster

分类地位

鲣鸟目鲣鸟科鲣鸟属

形态特征

　　褐鲣鸟体长 64 ～ 74 厘米。它非常容易辨认，因为它头、胸部和上体的羽毛颜色几乎全为棕褐色，只有翼下覆羽、腹部到尾下覆羽的颜色为白色。此外，褐鲣鸟拥有黄色的大嘴和脚。

食物

褐鲣鸟主要捕食鱼类，也吃乌贼和虾类等动物。

繁殖

褐鲣鸟在全年的任何时候都可以进行繁殖，它们选择海岛或者海岸作为繁殖地，在悬岩上或者灌丛间，利用树枝和枯草筑巢。褐鲣鸟每窝一般产两枚卵，通常在第一枚卵产下六天后才产第二枚卵。经过43天左右的孵化，小褐鲣鸟就破壳而出了。经过亲鸟四个月左右的轮流喂养，幼鸟就可以离巢学习飞行。大约再经过20周的学习，小褐鲣鸟就能学会飞行和捕食，独自生活了。

褐鲣鸟和雏鸟

一对正在繁殖的褐鲣鸟（左边是雌鸟，右边是雄鸟），它们的树枝巢建在海滩上

分布

在中国，褐鲣鸟出现在江苏、浙江、福建、广东、海南和台湾等地。

生存现状

褐鲣鸟主要活动于太平洋、印度洋和大西洋的热带海域，是分布范围最广的鲣鸟。据美洲水鸟保护协会（The Waterbird Conservation of the Americans）的估算，目前褐鲣鸟的全球种群数量为 28 万～ 30 万只。褐鲣鸟面临的主要威胁：由于褐鲣鸟大胆、不怕人的特性，它很容易被人类捕杀或者偷蛋；外来物种对褐鲣鸟繁殖地的入侵，造成许多鸟蛋和幼鸟被偷食，降低了褐鲣鸟的繁殖成功率；人类对于海岛的开发，对其繁殖造成影响，也是造成它数量下降的重要原因。

二级

国家重点保护野生动物等级

LC

IUCN 濒危等级

保护

2021 年褐鲣鸟被列入中国的《国家重点保护野生动物名录》，为我国二级保护野生动物。

似鱼雷的鲣鸟

鲣鸟擅长游泳和潜水，它的抓鱼方式主要有两种：一种是在发现猎物后，迅速俯冲，在离水面仅 20 厘米左右的高度滑翔，捕捉被吓出水面的小鱼；而另一种则显得声势浩大，那就是在发现猎物后，从 15 米左右的高空急速俯冲，像一枚鱼雷一样冲入水中，巨大的冲击力甚至能把距离水面 1.5 米左右的猎物震晕。入水后的鲣鸟，立刻施展自己高超的潜水技能，将被震晕的鱼吞下肚。与这种捕猎技巧相适应的是，鲣鸟的头骨非常坚硬，能够抵抗强大的入水冲击力。

黑颈鸬鹚

Microcarbo niger

分类地位

鲣鸟目鸬鹚科小鸬鹚属

形态特征

　　黑颈鸬鹚体长 51 ～ 56 厘米。非繁殖季节时，全身的羽毛都是黑色的，在阳光下还泛着墨绿色的金属光泽。而在繁殖季节，黑颈鸬鹚嘴下的部分羽毛变为白色。

食物

黑颈鸬鹚主要通过潜水捕食鱼类和蛙类（蝌蚪）等动物。

繁殖

黑颈鸬鹚一般选择在食物充足的湖泊、水塘、沼泽等水域附近繁殖。从每年的 3 月份开始，一直持续到 12 月份，黑颈鸬鹚都可以进行繁殖。它在不同地区开始繁殖的时间不同，在树上、灌丛或者草丛中筑巢，每窝产 3 ~ 5 枚卵。一般会有 10 ~ 12 只黑颈鸬鹚集中在一片区域筑巢，偶尔也会有多达 120 只鸬鹚一起筑巢。

分布

在中国，黑颈鸬鹚分布于云南等地。

生存现状

黑颈鸬鹚生活在湖泊、河流、水库、水塘和沼泽等水域。根据 1992 年的水鸟调查结果，在亚洲地区共观测到了 61172 只黑颈鸬鹚，但是在该调查中未在中国发现黑颈鸬鹚。它主要面临以下几方面的威胁：农田中农药、化肥等的使用，造成了水质污染，使得生活在附近水域的鱼、虾和昆虫等生物的数量大大减少，导致黑颈鸬鹚的食物资源下降；部分地区存在射杀或者捕捉黑颈鸬鹚的现象。

黑颈鸬鹚幼鸟

二级

国家重点保护野生动物等级

LC

IUCN 濒危等级

保护

黑颈鸬鹚是我国的国家二级保护野生动物，在 2021 年被列入《国家重点保护野生动物名录》。

海之眼

协同作战，合作围捕

鸬鹚之间的合作捕鱼很常见。它们会在水面上围成一个圆圈，一旦鱼群进入这个包围圈后，这些鸬鹚就一同潜入水中，捕捉被聚集在一起的小鱼。这种同伴之间的协作，能大大提高鸬鹚的抓鱼效率。有时，鸬鹚还会和鹈鹕一起合作捕鱼：首先鸬鹚在水中围成一个半圆，然后鹈鹕在水面拍打翅膀，驱赶鱼群进入包围圈，最后它们再一同享用这顿美餐。

海鸬鹚

Urile pelagicus

分类地位

鲣鸟目鸬鹚科鸬鹚属

形态特征

海鸬鹚体长 63 ~ 80 厘米。全身的羽毛为黑色，并且在阳光的照射下，会泛绿色金属光泽。在繁殖季节，海鸬鹚眼下裸露的皮肤变成红色，头顶和脑后也会长出羽冠。此外，当它飞起来后，你会发现大腿处的羽毛变成了白色。

食物

海鸬鹚主要捕食鱼类，也吃虾类和海藻等。

繁殖

海鸬鹚一般在海岛上繁殖，每年的3 月份左右，它们选择在悬崖边，利用海草等筑巢。每窝产 3 ~ 4 枚卵，孵化期约 26 天，再经过海鸬鹚约 40 天的辛勤哺育，小海鸬鹚就能离巢学习捕鱼。小海鸬鹚大约需要 15 天的时间，才能学会捕鱼技巧。

海鸬鹚与雏鸟

分布

在中国，海鸬鹚出现在黑龙江、辽宁、山东、福建、广东和台湾等地。

生存现状

海鸬鹚生活在海湾、河口和海岛等地，在全球的分布范围较广，种群数量较多并且保持稳定。而在中国，海鸬鹚的数量并不多，1992年的水鸟调查显示，仅观察到246只海鸬鹚。人类活动的干扰和栖息地环境恶化等问题正在影响着海鸬鹚的种群数量。

二级

国家重点保护野生动物等级

LC

IUCN 濒危等级

海之眼

洱海的鸬鹚

洱海地区的白族渔民，曾经以驯养鸬鹚捕鱼为生。鸬鹚能够听懂渔民的敲击声和吆喝声，捕到鱼后会主动靠近船只。渔民会为每只鸬鹚取一个名字，也从不在鸬鹚的脖子上套上绳索。当鸬鹚死后，渔民还会将它们埋葬在苍山中，定期祭拜。不过现如今，这种传统的捕鱼方式已经消失。

保护

在《中国脊椎动物红色名录》中，海鸬鹚被评为近危，也是中国的国家二级保护野生动物。

洱海渔民驯养鸬鹚捕鱼

滨海鸟类

䴙䴘目

Podicipediformes

　　䴙（pì）䴘（tī）目鸟类的特征：体长25～58厘米；体短而圆，形态似鸭；嘴短直而尖；颈较长；翅短小，不善飞行；尾羽极短，仅由少许绒羽组成；脚短，极为靠后；瓣蹼足，擅长潜水和游泳；经常单独活动；巢多为浮巢，雏鸟早成性。

角䴙䴘

Podiceps auritus

分类地位

䴙䴘目䴙䴘科䴙䴘属

形态特征

角䴙䴘体长 31 ~ 39 厘米。两眼后方，各有一簇雏菊花瓣般的橘黄色羽冠，看起来就像头上长了一对角，因此被命名为角䴙䴘。不过，角䴙䴘只有在繁殖季节才长出这对"角"，非繁殖季节的角䴙䴘很是低调，虽然眼睛虹膜的颜色依旧是红色的，但是身体除了下脸和胸、腹部羽毛为白色，其余羽毛的颜色为黑色。

非繁殖季节的角䴙䴘

食物

角䴙䴘主要捕食水中的昆虫、虾类、鱼类和蝌蚪等动物。

繁殖

角䴙䴘选择拥有大片芦苇或者水草茂盛的水域作为繁殖地。每年的 5 月份左右，角䴙䴘利用芦苇和水草等植物筑起一个浮巢。角䴙䴘先利用坚韧的芦苇和水草编织巢的雏形，然后再添加掺杂着底泥的植物叶片，让巢变得密实防水，避免巢中的小角䴙䴘被水浸泡。角䴙䴘每窝产卵 4 ~ 6 枚，经过 20 ~ 25 天小角䴙䴘就出壳了。经过亲鸟 19 ~ 24 天的照顾后，小角䴙䴘就可以独立生活了。

分布

在中国，角鸊鷉偶尔见于黑龙江、吉林、辽宁、新疆、河北、山东、山西、江苏、安徽、河南、浙江、福建、江西、四川、广东和台湾等地。

生存现状

角鸊鷉一般活动于开阔的淡水水域中，冬季也出现在沿海。在我国，角鸊鷉在新疆的天山西部繁殖，迁徙季节经过东北、东南及长江下游地区。1990年，我国记录到60只角鸊鷉，而1992年仅记录到30只。在亚洲地区，角鸊鷉的数量也不多，仅记录到100多只。角鸊鷉面临的威胁有人类活动造成的湖水面积缩小和湖水污染，以及天敌数量的增加，等等。

角鸊鷉和雏鸟

二级

国家重点保护野生动物等级

VU

IUCN 濒危等级

保护

2015 年，由于欧洲和北美的角鸊鷉种群数量迅速下降，其濒危等级由无危提升至易危。角鸊鷉是我国的国家二级保护野生动物，被《中国脊椎动物红色名录》列为近危物种。

角鸊鷉的舞蹈

角鸊鷉的舞蹈可不是轻易可见的，只有当它们换上一身漂亮的"舞蹈服"，遇见心仪的对象时，才会展示舞技。繁殖期的角鸊鷉拥有漂亮、形似角的羽冠，它们的舞蹈动作之一，就是摇晃脑袋，展示自己的橘黄色羽冠。并且雄鸟还会潜入水中，拔起一些水草衔在口中，向雌鸟展示自己是出色的筑巢者。"看对眼"的角鸊鷉，会一同扇动翅膀，踏水而行，看上去就像是在表演水上的"双人芭蕾"。

角鸊鷉的舞蹈

角䴙䴘和它的卵

黑颈䴙䴘

Podiceps nigricollis

分类地位

䴙䴘目䴙䴘科䴙䴘属

形态特征

黑颈䴙䴘体长 25～35 厘米。在非繁殖季节，它和角䴙䴘长得很像，都是红眼和黑白相间的体色，不过黑颈䴙䴘的嘴尖是微微上翘的，并且头部羽毛的黑白两色间存在灰色的过渡。在繁殖季节时，黑颈䴙䴘就非常好辨认，它的头部、颈部到背部的羽毛全变为黑色，眼后还长出了金黄色的饰羽。

食物

黑颈䴙䴘主要捕食水中的昆虫，也吃鱼类、虾类和蝌蚪等动物。

繁殖

黑颈䴙䴘选择有大片芦苇等水生植物的水域繁殖。每年的 5 月份左右，黑颈䴙䴘利用芦苇、水草等植物筑巢。巢的防水性较好，一般浸泡在水中，露出水面 3～4 厘米。每窝产 4～6 枚卵。经过 21 天左右，小黑颈䴙䴘就孵化出来了，并且出壳后的第二天，它们就能跟随亲鸟外出觅食。

分布

除了西藏和海南外，在中国其他省都可能见到黑颈䴙䴘。

生存现状

黑颈䴙䴘一般成群活动于开阔的淡水水域中，在繁殖季节常出现在植物茂盛的水域。2006 年，湿地国际（Wetlands International）估计黑颈䴙䴘在全球的种群数量为 39 万～42 万只。不过黑颈䴙䴘在中国的数量较少，1990 年，在中国进行的水鸟调查中，仅观察到 29 只黑颈䴙䴘。黑颈䴙䴘面临的威胁包括适宜栖息地的减少、人类活动和自然灾害对黑颈䴙䴘的生活与繁殖造成的干扰等。

二级
国家重点保护野生动物等级

LC
IUCN 濒危等级

"黑水葫芦"

　　鸊鷉的尾羽退化，特别短，小鸊鷉的尾羽甚至只有23 毫米长，因此鸊鷉看起来几乎没有尾巴。有人形象地将黑颈鸊鷉称为"黑水葫芦"，因为它的体形很像水葫芦，并且在繁殖季节全身的羽毛大体为黑色。

保护

　　黑颈鸊鷉为"三有"保护鸟类。2021 年它被列为国家二级保护野生动物。

在水面展翅的赤颈䴙䴘

赤颈䴙䴘

Podiceps grisegena

分类地位

䴙䴘目䴙䴘科䴙䴘属

形态特征

赤颈䴙䴘体长 40 ～ 57 厘米。在非繁殖季节时，全身几乎都为黑色，只有脸部和翅膀处略带白色。当它进入繁殖期后，颈部的羽毛会变为鲜艳的红色，与白色的脸部和喉部对比鲜明，看起来很像是穿上了一件红色的高领毛衣。赤颈䴙䴘的头顶、枕部以及身体都为黑色，脑后有不明显的小羽冠。

食物

赤颈䴙䴘主要捕食水中的昆虫、虾类、鱼类和蛙类等动物。

繁殖

赤颈䴙䴘选择芦苇和蒲草等水生植物茂盛的水域作为繁殖地。每年的 5 月份左右，赤颈䴙䴘利用芦苇、蒲草等植物在水草丛中筑巢。每窝产 4 ~ 5 枚卵，孵化期 20 ~ 23 天。小赤颈䴙䴘出壳不久，就可以随亲鸟外出觅食。

分布

在中国，赤颈䴙䴘偶见于黑龙江、内蒙古、新疆、河北、山东、江苏、浙江、福建和广东等地。

生存现状

赤颈䴙䴘一般活动于开阔的淡水湖泊、沼泽和水塘。2006 年，湿地国际估计赤颈䴙䴘全球的种群数量在 19 万 ~ 29 万只。在我国，赤颈䴙䴘的数量较少。在 1990 年的中国水鸟调查中，仅发现了 1156 只赤颈䴙䴘；而到了 1992 年，仅观察到 574 只。它面临的威胁包括人为因素、水域污染、生态环境破坏等造成的栖息地范围缩小等。

二级
国家重点保护野生动物等级

LC
IUCN 濒危等级

保护

赤颈䴙䴘被 IUCN 列为无危物种，目前是我国的国家二级保护野生动物。

长有斑马纹的䴙䴘雏鸟

䴙䴘成年后的长相各有不同，但是雏鸟长相相似——头部都有着斑马纹，黑白相间。为什么会长有这样的纹路呢？原来是小䴙䴘雏鸟破壳后，很快就能下水活动，这样就很容易被天敌发现。而全身纹路像极了植物叶片或者根茎的斑马纹路，可以使䴙䴘雏鸟完美地融入环境中。只要雏鸟不动，远远望过去，就很难在茂盛的水生植物中发现它。

鹈形目

Podicipediformes

滨海鸟类中，鹈形目鸟类有鹭科和鹮（huán）科等。

鹭科鸟类的特征：体长为 43 ～ 127 厘米；具有长嘴、长颈和长腿的"三长"特征；嘴尖而长；翅膀长而宽，飞行时颈呈 S 形，腿长超过尾羽；羽色多变，白鹭属的鸟类大多通体洁白，不过岩鹭和白鹭具有体羽灰色的深色型；雌雄的体色一致；有繁殖羽和非繁殖羽之分，繁殖期时，许多鹭鸟的脑后、胸、背等部位会长出细长的丝状饰羽，有的还有嘴色和眼先颜色的变化。

鹮科中琵鹭属鸟类的特征：体长为 60 ～ 95 厘米；嘴长而直，嘴端膨大，整体似琵琶的形状；翅膀长而宽，飞行时头颈向前呈一条直线，两脚向后伸至靠近尾部；体色为白色，有繁殖羽和非繁殖羽之分；触觉性觅食，嘴张开伸入水下，边走边用嘴在水中左右扫动，一旦碰到猎物便将嘴闭合，仰头把猎物吞下。

黄嘴白鹭

Egretta eulophotes

分类地位

鹈形目鹭科白鹭属

形态特征

黄嘴白鹭体长 58 ~ 70 厘米。嘴和脚趾为黄色，全身的羽毛洁白无瑕，古人称之为"雪客"或"雪不敌"，意思是它的羽毛洁白胜雪，仿佛伫立于雪中的侠客。黄嘴白鹭除了羽毛的颜色雪白，当繁殖季节来临时，新长出的丝状饰羽也如雪般轻柔，它好似身穿洁白婚纱，脑后也戴上了一顶丝绒头纱。

食物

黄嘴白鹭在沿海湿地或海岛水域捕食鱼类、虾类和蟹类等动物。

繁殖

黄嘴白鹭大约在每年的 5 月份到达繁殖地（一般是靠近岸边的小型海岛）。一些黄嘴白鹭选择在岛上的灌丛枝上筑巢，而另一些则直接将巢筑在草丛中。草丛中的巢看起来结构简陋，但建造方便，只需两三天就能搭好。每窝一般产 3 ~ 4 枚卵，小黄嘴白鹭孵化后，雌雄亲鸟轮流离巢觅食，喂养雏鸟。大约经过一个月的辛勤哺育，小黄嘴白鹭就能离巢生活了。

分布

在中国，黄嘴白鹭分布于辽宁、河北、山东、江苏、浙江、福建、广东、海南和台湾等地。

生存现状

黄嘴白鹭主要在近海区域活动，在沿海岛屿上繁殖。21 世纪以前，黄嘴白鹭的分布范围虽然狭窄，但是它在我国并不算罕见，甚至可以说是数量众多。然而到了 2001 年，全世界黄嘴白鹭的总数量却下降到了 2600 ~ 3400 只，我国约有 1000 只。由于人为猎捕、过度开发和环境污染，适宜黄嘴白鹭生存和繁衍的空间不断缩小，再加上有些人在黄嘴白鹭繁殖时将它的蛋偷走，直到现在，黄嘴白鹭的种群数量仍未恢复。

一级

国家重点保护野生动物等级

VU

IUCN 濒危等级

对黄嘴白鹭采取的保护措施包括以下几方面：加强对适宜黄嘴白鹭繁殖的海岛的监管，减少人为因素对于其繁殖地的干扰；在黄嘴白鹭繁殖地周边的社区开展"爱鸟护鸟"的宣传活动，减少人的捡鸟蛋行为等。

羽猎

在19世纪60年代，英国鸟类学家史温候在厦门观察到了外形与白鹭略有差异的黄嘴白鹭，将其命名为中国白鹭（Chinese Egret）。由此，黄嘴白鹭开始为西方所知晓，它洁白似雪的羽毛成为西方女性追捧的贵重饰品，催生出了一种新型产业——"羽猎"，不少人开始捕杀黄嘴白鹭。另外再加上栖息地的大量丧失等原因让黄嘴白鹭的数量急剧减少，至今仍未恢复。

黄嘴白鹭（繁殖期）

岩鹭
Egretta sacra

分类地位

鹈形目鹭科白鹭属

形态特征

说起岩鹭总会让人联想到海边黑灰色的岩石。而事实上，岩鹭确实很像是岩石的化身，它通体黑灰色，只出没于海边的礁岩附近，凭借和岩石一样的颜色隐藏自己。它半蹲着身子，缓慢地移动接近猎物，然后趁其不备发动致命一击。岩鹭体长58～70厘米。相比于同体形的其他鹭鸟，岩鹭的腿更短一点，当它缩起脖子等待猎物出现时，是那么像一块长脚的黑灰色石头！

食物

岩鹭多捕食海边礁岩附近的鱼类、虾类和蟹类等动物。

繁殖

岩鹭喜欢独自生活，但是在每年的 4—6 月，岩鹭不再独来独往，而是与伴侣一起，在岩石间寻觅一处可以遮风避雨的好位置，利用枯枝和杂草建造爱巢，共同养育下一代。一般每窝产 2 ~ 5 枚卵。

分布

在中国，岩鹭主要分布于浙江、福建、广东、海南、香港和台湾等地。

生存现状

岩鹭的栖息地类型十分单一，主要为海岛或海岸天然的礁石区。由于岩鹭具有独居的习性，它会驱赶领地内的其他鹭鸟，所以需要的生存空间更大。在 2018 年对深圳、珠海、惠州和中山的鸟类调查中，共发现岩鹭 30 余只，一般在 2000 米长的海岸带中只生活着 1 ~ 2 只岩鹭。随着近年来海岸带旅游资源不断被开发，以及码头数量的增加，岩鹭的生存空间不断被压缩，栖息地呈现碎片化，其数量难以增长。

二级

国家重点保护野生动物等级

LC

IUCN 濒危等级

保护

对岩鹭采取的保护措施主要包括以下几方面：加强对在岩鹭活动区域的管理；控制有岩鹭出现的海岸带地区的人流量；保存岩鹭繁殖所需的大型礁石。

白色型岩鹭

一说到深色的鹭鸟，大家一定会第一时间想起岩鹭，但是你知道吗？岩鹭竟然还有白色型，或者说存在着全身羽毛为白色的岩鹭。由于许多鹭鸟的体色都为白色，所以深色型岩鹭非常容易辨认，而白色型岩鹭的辨认难度则大大提升了，甚至专业人士也有可能难以辨别。白色型岩鹭的数量稀少，它和白鹭的长相相似，只是喙较为粗壮，腿更短。白色型岩鹭的影像资料较少，最新的记录为 2021 年 9 月，在浙江宁波出现过一只白色型岩鹭。

白色型岩鹭

黑脸琵鹭
Platalea minor

分类地位

鹈形目鹮科琵鹭属

形态特征

黑脸琵鹭体长 60 ～ 79 厘米，在滨海鸟类中算得上大个头。它浑身雪白的羽毛引人注目。长而扁平、形似琵琶的黑嘴是它被称为"琵鹭"的缘由，不过它的"琵嘴"可不是那么容易被人看见的。睡觉时，它将嘴藏在翅膀下；觅食时，它将嘴插入水中左摇右摆；只有当它梳理羽毛或者排便时，我们才能一睹那特殊的"琵嘴"。

食物

黑脸琵鹭捕食琵嘴能触及的浅水底层的鱼、虾、蟹和贝等动物。

繁殖

大约每年的5月份，当黑脸琵鹭脑后长出长而蓬松的浅黄色饰羽，就像后脑勺长出了一束金色秀发，脖子上戴上了一条金黄色的围脖时，它的繁殖期就到了。黑脸琵鹭通常把家安在海边陡峭的岩石间或者大树上。雄鸟会在巢穴上围着雌鸟不停地转圈示爱，也会不时地用它的"琵嘴"梳理雌鸟的饰羽，当雌鸟半蹲下来，就表示它接受"求婚"了。每窝产4~6枚卵，大约一个月后，小黑脸琵鹭就孵化出来了。它需要亲鸟辛勤哺育一个月后才能独立觅食。

刚成年的黑脸琵鹭

分布

在中国，黑脸琵鹭分布于辽宁、江苏、浙江、福建、江西、湖南、贵州、广东、海南和台湾等地。

生存现状

黑脸琵鹭多出没于沿海的泥滩、虾塘等地，许多栖息地因为填海造陆、过度开发或者污染遭到破坏。1998 年全球黑脸琵鹭的数量不足 300 只，因此，它们受到我国相关机构和公众的大力保护。2022 年发布的调查结果显示，全球黑脸琵鹭的数量首次超过 6000 只，达到了 6162 只。

国家重点保护野生动物等级

IUCN 濒危等级

保护

2021 年，黑脸琵鹭在《国家重点保护野生动物名录》中的保护级别由二级上升至一级。对黑脸琵鹭采取的保护措施：在黑脸琵鹭的越冬地建立专门的保护站；杜绝非法捕猎事件的发生；对黑脸琵鹭栖息的海域进行水质监测，改善污染状况；对黑脸琵鹭越冬地区的居民进行爱鸟护鸟的宣传教育活动等。

黑脸琵鹭和白琵鹭

除了黑脸琵鹭的脸是黑色的，白琵鹭的脸是白色的之外，很难找到这两者外表之间的差异，不过它们一个生活在内陆的淡水湖，一个生活在沿海湿地中，所以很难看见它们同框。然而，就在 2021 年的 1 月份，它们竟然在深圳湾相遇了！一只白琵鹭和两只黑脸琵鹭在海边齐头并进，一起低头扫荡着水底的小鱼小虾。那么，是什么原因使得它们齐聚深圳湾呢？哈哈，原来是白琵鹭在迁徙途中与黑脸琵鹭相遇时，跟错队伍了。

黑脸琵鹭（后）与白琵鹭（前）

黑脸琵鹭（右）与白琵鹭（左）

鸻形目

Charadriiformes

在鸻形目中，丘鹬（yù）科等为滨海鸟类。丘鹬科鸟类的特征：中小型涉禽；翼尖，善于飞翔；腿一般较长，并且前三趾较长，后趾短，适合在滩涂或沼泽中涉水行走，也可以进行短时间的游泳；早成雏；有繁殖羽和非繁殖羽之分，非繁殖羽体色多为沙土色或灰色；大部分为候鸟，具有迁徙的习性。

勺嘴鹬
Calidris pygmaea

分类地位

鸻形目丘鹬科滨鹬属

形态特征

勺嘴鹬体长 14 ~ 16 厘米。它憨态可掬，体形只有麻雀大小，嘴的形状像一只勺子，非常特别，被人们亲切地称为"小勺子"。它将宽阔而扁平的嘴插入泥里，边走边用嘴在泥里搅动，搜寻各种小型生物，就像是一台开动的小型翻土机。

食物

勺嘴鹬捕食隐藏在泥地里的沙蚕、贝类和昆虫等动物。

繁殖

勺嘴鹬在每年的6月份左右，前往西伯利亚东北部海岸的冻原地带进行繁殖。它们在靠近水源的苔原地面筑巢，用嘴挖掘出一个圆形浅坑，并且铺上一些苔藓和枯草让窝变得温暖舒适。勺嘴鹬每窝产3～4枚卵，由于洪水、天敌以及食物短缺等原因，只有20%～30%的卵能够孵化成功并最终成活下来。也就是说，一对勺嘴鹬一般一次只能成功抚育一只后代长大。

分布

在中国，勺嘴鹬分布于江苏、浙江、福建、广东、海南和台湾等地。

生存现状

勺嘴鹬主要活动于海岸或者河口附近，不深入内陆水域。根据2007年国际鸟盟的调查，在勺嘴鹬重要的繁殖地俄罗斯楚科奇半岛上，勺嘴鹬的数量少于100对。据估计，在2014年全球勺嘴鹬的数量仅为661～718只。勺嘴鹬面临的威胁：主要繁殖地存在被洪水淹没的可能性；由于食物短缺和天敌的影响，繁殖成功率低；勺嘴鹬迁徙中的重要停歇地遭受破坏；非法捕猎，等等。

一级

国家重点保护野生动物等级

CR

IUCN 濒危等级

保护

2011 年，英国启动了对勺嘴鹬的紧急保护计划，帮助勺嘴鹬孵化雏鸟，提升它的繁殖成功率。2021 年，勺嘴鹬在中国的《国家重点保护野生动物名录》中，保护级别由二级上升为一级。对勺嘴鹬采取的保护措施包括以下几方面：加强对勺嘴鹬栖息地的保护与管理；加强爱鸟、护鸟以及保护滩涂湿地环境的宣传活动，等等。

海之眼

"07" 的故事

为了深入研究勺嘴鹬，俄罗斯科学家帕维尔·汤姆科维奇给一只勺嘴鹬戴上了编码为 "07" 的塑料环志。科学家将这只勺嘴鹬亲切地称为 "07"，并在 2018 年开始利用卫星跟踪器对 "07" 的迁徙之旅进行了数年的监测。通过监测，科学家发现了勺嘴鹬位于朝鲜、中国广东和印度尼西亚等的多个关键停歇地，并且和当地政府取得联系，对新发现的勺嘴鹬停歇地采取了保护措施。勺嘴鹬的迁徙习性，使得保护工作需要十几个国家的通力合作才能有效开展。可喜的是，越来越多人认识到保护珍稀濒危鸟类的重要性，并为此贡献出了自己的力量。

小青脚鹬
Tringa guttifer

分类地位

鸻形目丘鹬科鹬属

形态特征

　　小青脚鹬体长 29 ~ 32 厘米。它与青脚鹬的长相类似，都拥有较粗并且末端微微上翘的嘴，但是前者的数量远不及后者。如果仔细比较，可以发现与青脚鹬相比，小青脚鹬的腿较短，头却稍大一些，显得比较矮胖，嘴的基部呈显眼的黄色。当它们同时起飞后，能够看见小青脚鹬的翼下羽毛全为白色，而青脚鹬的翼下羽毛则覆盖着深色的细纹。

食物

小青脚鹬捕食浅水或泥地里的沙蚕、蟹类和鱼类等动物。

繁殖

每年的 6 月份左右，小青脚鹬到达位于苔原的繁殖地。它们一般选择在离地 2～4 米的松树杈间，用树枝建造一个精致的爱巢，然后再在巢内铺上一层苔藓或者地衣，让巢更加柔软舒适。小青脚鹬亲鸟轮流孵卵 20 多天后，雏鸟就破壳而出了。一出壳，它的双腿就十分有力，羽毛晒干后，便可以跟随亲鸟出巢觅食。

分布

在中国，小青脚鹬分布于江苏、浙江、福建、广东、海南、香港和台湾等地。

生存现状

小青脚鹬主要在盐田、鱼塘、浅水泥滩中活动。根据1989年的数据统计，小青脚鹬在世界范围内的种群数量少于1000只。根据中国鸟类学会的统计，1989—1990年间，在国内共观察到73只小青脚鹬。小青脚鹬濒危的原因包括以下几点：分布区域狭窄；对繁殖地较为挑剔，仅在俄罗斯库页岛的北部、鄂霍次克海的西南海岸和北海岸一带繁殖。近年来，由于工业、养殖业和旅游业的快速发展，适宜小青脚鹬繁殖的栖息地越来越少，它迁徙途经地区的生态环境也遭受了一定的破坏，小青脚鹬的种群数量难以增长。

海之眼

"嘎嘎"（"呱呱"）叫的小青脚鹬

不同于青脚鹬嘹亮的"啾啾啾啾"叫声，小青脚鹬的叫声更为低沉，为"gwark"，类似于"嘎"或者"呱"的叫声，非常像短促的青蛙叫声或者较低沉的鸭子叫。小青脚鹬非常机敏，运动能力强，体形虽小，跑得却特别快。正是由于它的敏捷快速，小鱼、小蟹稍有不慎，就统统落入它的口中。

小青脚鹬起飞

保护

2021 年，小青脚鹬在《国家重点保护野生动物名录》中的保护级别由二级上升至一级。对小青脚鹬采取的保护措施包括以下几方面：对其迁徙途中的停歇地进行保护、管理和生态恢复；严格查处非法捕猎行为；控制填海造地的规模。

大杓鹬

Numenius madagascariensis

分类地位

鸻形目丘鹬科杓（sháo）鹬属

形态特征

大杓鹬体长 54 ~ 65 厘米。它是一种令人印象深刻的鸟类，嘴极为细长，长度可达 18 厘米，嘴的末端微微下弯。虽然大杓鹬长而弯曲的嘴稍显笨重，却是它的觅食利器，有着这样的像弯筷子的嘴，即使是隐藏在淤泥深处的小动物也逃不过它的"搜捕"。

食物

大杓鹬主要吃沙蚕、贝类和虾蟹等动物。

繁殖

大杓鹬在每年的 4 月中下旬开始寻觅另一半。求偶成功后，大杓鹬会挑选一处较为干燥的浅坑，捡拾枯草铺在浅坑的底部，营巢的所有工作就完成了。不得不说大杓鹬的巢看起来十分简陋，但这已经是它所能建造的最好的家了。

分布

在中国，大杓鹬分布于辽宁、河北、山东、江苏、浙江、广东、海南和台湾等地。

静立在海龟旁的大杓鹬

生存现状

大杓鹬生活在滨海湿地以及湖泊、稻田等开阔地区。人类对大杓鹬栖息地的开发是造成它数量下降的重要原因，例如随着台湾对彰滨工业区的持续开发，生活在当地的大杓鹬数量从两三千只，下降到 2001 年的不到 900 只。不过由于近年来对大杓鹬栖息地的开发暂缓，它的数量也趋于稳定，保持在 900 只左右。

保护

对大杓鹬采取的保护措施包括以下几方面：对大杓鹬的栖息地进行保护管理和恢复，增加大杓鹬的觅食区域；提供更多适宜大杓鹬繁殖的场地等。

大杓鹬与白腰杓鹬

杓鹬是很容易辨认的，因为它们都拥有长而末端下弯的嘴，但是不同种之间的差别就不那么显著，尤其是大杓鹬和白腰杓鹬，从外表上很难将它们区分开来。不过如果细心观察的话，可以发现成体大杓鹬会比白腰杓鹬略大3厘米左右，嘴也更长，并且大杓鹬因全身布满了纵条纹而显得更黑一点，白腰杓鹬的腰部和下腹羽毛为白色。此外，当它们起飞时，还可以发现白腰杓鹬的翅下没有条纹，而大杓鹬的翅下布满了纵条纹。所以，在鸟类辨识中观察能力是非常重要的。

大杓鹬

白腰杓鹬

白腰杓鹬

Numenius arquata

分类地位

鸻形目丘鹬科杓鹬属

形态特征

　　白腰杓鹬体长 57 ~ 63 厘米。嘴长而下弯，嘴的长
度甚至能达到头长的2.5倍。上体浅褐色且有黑褐色纵斑。
下背、腰及尾上覆羽白色，飞起时白色腰部很显眼。

食物

白腰杓鹬主要捕食沙蚕、贝类和蟹类等动物。

繁殖

每年的 5 月份左右，白腰杓鹬开始在湖泊、溪流、沼泽等水域附近的干燥土丘或者草地上筑巢。巢的结构比较简单，利用天然的土坑或者是挖一个浅坑，再铺上一些枯草和羽毛就完工了。每窝一般产四枚卵，孵化期 26 ~ 30 天。被雌雄亲鸟轮流喂养 30 多天后，小白腰杓鹬就可以在亲鸟的示范下学习飞行了。

孵卵中的白腰杓鹬和它的卵

分布

白腰杓鹬在中国各省都有出现。

生存现状

白腰杓鹬主要活动于农田、河流、湖泊、沼泽、河口和沿海滩涂等水域附近。虽然白腰杓鹬的分布范围广泛，在北美洲、非洲、欧洲、亚洲和大洋洲都有分布，但是在全球几个重点的栖息地中，白腰杓鹬的种群数量都在持续下降，目前，IUCN 将白腰杓鹬评估为近危物种。例如，在欧洲，白腰杓鹬目前的种群数量在 42.4 万 ~ 58.4 万只，但是相比于 30 年前的数据，它的种群数量骤降了 30% ~ 49%，在爱尔兰地区，甚至只发现了 138 对白腰杓鹬繁殖，繁殖对数较 30 年前下降了 96%。它面临的威胁主要为农业活动等因素导致的栖息地大量丧失，以及被人类猎杀。

白腰杓鹬

二级

国家重点保护野生动物等级

NT

IUCN 濒危等级

保护

　　2021 年，白腰杓鹬被列入《国家重点保护野生动物名录》，成为国家二级保护野生动物。

海之眼

曾经被摆上餐桌的白腰杓鹬

　　在 19 世纪末期，由于白腰杓鹬的体重可达 800 克，并且往往成群迁徙，它们被人们大量捕杀食用。如今，白腰杓鹬是我国的国家二级保护野生动物，严禁捕杀。虽然在迁徙季节，人们依旧能看见上千只白腰杓鹬成群迁徙的壮景，但是它的总体数量已大不如前。

白腰杓鹬

觅食中的三只白腰杓鹬

翻石鹬
Arenaria interpres

分类地位

鸻形目丘鹬科翻石鹬属

形态特征

翻石鹬体长 18 ～ 25 厘米。在非繁殖期时，它看起来并不显眼，头部、胸部、背部、翅膀和尾上的羽色为暗褐色，喉部、腹部和尾下的羽毛为白色，嘴和眼睛虹膜为黑色，身上唯一鲜艳的就是橙红色的腿和脚了。在繁殖期时，翻石鹬的羽色就大变样了，非常容易辨认。它身上原本的暗褐色羽毛变为棕红色，胸部的羽毛变为黑色，两眼间出现一条黑色横纹，眼下有一黑色纵纹与黑色领环和嘴角延伸出的黑线相连，背部和翅膀处也出现了宽厚的黑色横纹。

食物

翻石鹬主要吃昆虫、沙蚕和螃蟹等，偶尔也吃草籽和浆果。

繁殖

翻石鹬主要在北极海岸繁殖。每年的 6 月份左右，翻石鹬来到沿海的沙滩、海岛的灌丛或岩石区等地，利用地面的天然浅坑，或者挖取一处土坑，再铺上枯草、苔藓等垫材，完成筑巢。翻石鹬每窝一般产四枚卵，通常雌鸟一天产一枚卵。从第三枚卵产下后，雌雄亲鸟就开始轮流孵卵，孵化期为 21 ~ 24 天。小翻石鹬破壳而出后，由亲鸟照顾约 20 天后，就能学习飞行了。

翻石鹬的卵

分布

翻石鹬迁徙时经过黑龙江、吉林、辽宁、新疆、河北、山东、江苏、浙江、福建、广东、广西、云南、海南和台湾等地。

生存现状

翻石鹬主要活动于沿海的潮间带、河口、沼泽和海岸的礁石间等沿海环境。根据 2015 年湿地国际的统计数据，翻石鹬的全球种群数量在 46 万 ~ 73 万只。它面临以下几方面的威胁：在繁殖地区，一些捕食者，例如北极狐，由于食物资源不足，会捕食翻石鹬的蛋和幼鸟；翻石鹬在繁殖和迁徙过程中，容易受到 A 型禽流感病毒等病毒或雌盘吸虫等寄生虫的感染，等等。

二级

国家重点保护野生动物等级

NT

IUCN 濒危等级

保护

2021 年，翻石鹬被列入中国的《国家重点保护野生动物名录》中，成为国家二级野生保护动物。

爱翻石头的翻石鹬

翻石鹬来到我国时，大多都已经换上了一身漂亮的繁殖羽了，它们的模样可爱，却并不爱炫耀，也不喜欢和别的候鸟一起觅食活动，一般在礁石较多的海滩中，能够见到成小群的翻石鹬活动。正如它们的名字一样，翻石鹬喜欢将小块的石头翻开，让躲藏在石头底下的沙蚕、螃蟹等小动物暴露出来，然后吃掉它们。不过在某些礁石滩上，翻石鹬遇到了一些麻烦，几乎看不到它们翻石头的景象了。为什么会这样呢？原来是这些地方的礁石太大了，翻石鹬面对这些比自己还大的石头，自然无法再翻动它们，只好低头在石头的缝隙间寻找食物。

觅食中的翻石鹬（非繁殖期）

大滨鹬（非繁殖期）

大滨鹬（繁殖期）

大滨鹬

Calidris tenuirostris

分类地位

鸻形目丘鹬科滨鹬属

形态特征

大滨鹬体长26～30厘米，是滨鹬中体形最大的一种，这是它叫"大"滨鹬的原因。滨鹬一般在繁殖期都会换上一身新装，但是大滨鹬很低调，仅胸部羽毛的颜色加深，翅膀的部分羽毛变成赤褐色，远远看上去仿佛系了一条黑色的围裙。

食物

大滨鹬主要以沙蚕、螺类和贝类等小动物为食。

繁殖

大滨鹬在每年的6月份左右飞往西伯利亚寻觅伴侣。它们在植物较多的高原草地、灌丛或者岩石地带，选择一处大小合适的浅坑，铺上枯草或者苔藓，巢便建好了。大滨鹬每窝一般产四枚卵，小家伙们在出壳两个月后，就能独立生活了。

分布

在中国，大滨鹬分布于辽宁、河北、山东、江苏、浙江、福建、广东、海南和台湾等地。

生存现状

大滨鹬主要活动于河口沙洲和海岸潮间带。根据湿地国际的统计，在2007年，全球大滨鹬的数量估计为29.2万～29.5万只。大滨鹬沿着东亚—澳大利西亚这一迁徙路线进行迁徙，迁徙途中会在中国东部沿海地区停歇，进行觅食补充能量。目前，大滨鹬迁徙的停歇地中食物资源下降和水源污染是它面临的主要威胁。

二级

国家重点保护野生动物等级

IUCN 濒危等级

保护

对大滨鹬采取的保护措施：对大滨鹬重要的迁徙停歇地进行有效保护与管理；管控和治理停歇地的水质污染问题，使大滨鹬能够获取充足的食物进行迁徙。

大滨鹬的迁徙之旅

相比于喜欢在迁徙途中成群结队的黑腹滨鹬或红颈滨鹬，一些大滨鹬似乎更喜欢约上三五好友，一起踏上这一年一度的旅行。结伴的几只大滨鹬偶尔也会跟在其他滨鹬的迁徙队伍后面，一起飞行、一起停歇。有时，大滨鹬还会因为跟错队伍而偏离迁徙路线，这也是吉林、四川和云南等出现大滨鹬新纪录的原因之一。

阔嘴鹬

Calidris falcinellus

分类地位

鸻形目丘鹬科滨鹬属

形态特征

阔嘴鹬体长 15 ～ 18 厘米。嘴较粗壮，长而下弯，英文名为 "Broadbilled Sandpiper"，意思是嘴较宽的鹬，所以中文名就是阔嘴鹬。不过，比起"阔嘴"，它更典型的特征是拥有双眉纹。在正常的白眉纹之上，还拥有另一条白色眉纹，左右两侧加起来，阔嘴鹬一共拥有"四条眉毛"，也有人将这四条白色眉纹描述为"西瓜纹"。此外，在阔嘴鹬飞行时，还能看见一条黑线穿过它的腰部和尾羽。

阔嘴鹬的卵

食物

阔嘴鹬主要吃沙蚕和昆虫等动物。

繁殖

每年的 6 月份左右，阔嘴鹬来到冻原地带的湖泊、河流和沼泽等水域附近，在草地或者土丘上，挖取一处浅坑，再铺上一些树叶或者苔藓完成筑巢。阔嘴鹬每窝一般产下四枚卵，雌雄亲鸟轮流孵卵，孵化期 21 天左右。

分布

在中国，阔嘴鹬主要出现在黑龙江、吉林、内蒙古、陕西、河北、山东、江苏、福建、广东、广西、海南和台湾等地。

生存现状

阔嘴鹬在繁殖季节时，主要活动于冻原地区，迁徙时也出现在内陆湖泊与河流、沼泽、河口、沿海滩涂和盐田等附近。它的种群数量稳定，分布范围广，被 IUCN 评估为无危物种。

二级

国家重点保护野生动物等级

IUCN 濒危等级

保护

2021 年，阔嘴鹬被列入《国家重点保护野生动物名录》，成为国家二级保护野生动物。

海之眼

阔嘴鹬的两个亚种

阔嘴鹬有两个亚种，分别为阔嘴鹬指名亚种（*Calidris falcinellus falcinellus*）和阔嘴鹬西伯利亚亚种（*C. f. sibirica*）。其中，前者在北欧和俄罗斯繁殖，迁徙时经过我国的新疆，在印度、东非和地中海等地越冬；而后者在西伯利亚（俄罗斯）繁殖，迁徙时经过我国的东部地区和青海、广西等地，在印度、澳大利亚以及我国的海南和台湾等地越冬。

雁形目

Anseriformes

　　滨海鸟类中，雁形目的鸟类主要是鸭科。其主要特征：体长为 30 ~ 150 厘米；大多头大，颈长；嘴扁平，边缘有栉板，嘴端具加厚的"嘴甲"；翅长而尖，能够长途迁徙，大多鸭科鸟类具翼镜；绒羽发达，适应寒冷天气；腿短粗，趾间具蹼，善于游泳，部分鸭科鸟类可以潜水；尾脂腺发达，常用嘴将尾脂腺分泌的油脂涂抹在羽毛上，使其防水；大多数雌雄异色；早成雏。

雄鸭

雌鸭

青头潜鸭

Aythya baeri

分类地位

雁形目鸭科潜鸭属

形态特征

青头潜鸭体长 42 ~ 47 厘米。雄鸭和雌鸭颜色有差异。雄鸭虹膜的颜色为白色，头部在光线好的情况下呈现出墨绿色，光线较暗时看上去为黑色；上体整体呈现棕褐色，腹部为白色。雌鸭虹膜的颜色为褐色，头部和上体颜色基本一致，大都为棕褐色，腹部为白色，嘴基为棕红色。只有青头潜鸭的雄鸭才有"青头"这个特征。

食物

青头潜鸭通过潜水的方式觅食，吃各种水草、水稻、昆虫和蛙类等动植物。

繁殖

青头潜鸭选择水边的草丛或者芦苇丛作为繁殖地。每年的 5 月份左右，青头潜鸭开始收集干草和脱落的绒羽筑巢，每窝约产九枚卵。孵化期约为 27 天，出壳不久小青头浅鸭就能出巢活动，再经过 150 天左右，便跟随亲鸟一起南迁。

分布

在中国，青头潜鸭出现在黑龙江、吉林、辽宁、河北、河南、陕西、湖北、湖南、四川、云南、山东、江苏、安徽、浙江、江西、广东和台湾等地。

生存现状

青头潜鸭主要生活在湖泊、河口和海湾等地。如今，青头潜鸭的全球种群数量不到 1000 只。它主要面临以下几方面的威胁：栖息地减少，部分繁殖地被水淹没或者干涸；黄鼬、褐家鼠等动物会叼走青头潜鸭的卵或者雏鸟；极端气候影响它的繁殖成功率，等等。

一级

国家重点保护野生动物等级

CR

IUCN 濒危等级

保护

世界自然保护联盟在 2014 年针对青头潜鸭制订了保护计划，并于 2015 年成立了青头潜鸭工作组。在 2021 年，青头潜鸭被列为我国的国家一级保护野生动物。

海之眼

极危的青头潜鸭

青头潜鸭曾广泛分布于亚洲东部地区，但是 20 世纪 90 年代以来，青头潜鸭的数量急剧下降。目前，青头潜鸭的繁殖地主要为俄罗斯和中国，越冬地主要为中国和缅甸，生存空间非常狭窄。对于青头潜鸭来说，中国是它最重要的家园，需要得到我们的重点保护。

展翅的雄鸭

雄鸭

白秋沙鸭

Mergellus albellus

分类地位

雁形目鸭科斑头秋沙鸭属

形态特征

白秋沙鸭体长 38 ~ 44 厘米，又名斑头秋沙鸭。雄鸭的眼周黑色，像是戴了黑眼罩，全身羽毛大体为白色，不过翅膀及尾部灰色，背部黑色。此外，雄鸭像是穿了一身铠甲一样，头部两侧、胸侧、肩部、背部、翅膀边缘都有着黑色的细线。雌鸭身上没有黑线，从头部到颈后大体为棕红色，脸部、下巴和喉部为白色，身体则为灰色。

食物

白秋沙鸭主要以昆虫、鱼类和蛙类等动物为食。

繁殖

白秋沙鸭选择池塘、河流、湖泊和沼泽等水域繁殖。每年的 5 月份左右，白秋沙鸭在崖壁或者在树洞等中筑巢。每窝一般产 6 ~ 9 枚卵，也有产下多达 14 枚卵的记录，孵化期为 26 ~ 28 天，由雌鸭负责孵化和养育雏鸟。经过雌鸭 10 周左右的喂养，长大的小鸭子就勇敢地从巢穴中跳出来到达地面，和雌鸭一起觅食。

白秋沙鸭的卵

雌鸭

137

分布

在中国，白秋沙鸭出现在黑龙江、吉林、辽宁、内蒙古、新疆、河北、山西、山东、河南、江苏、安徽、湖北、浙江和台湾等地。

生存现状

2002 年的调查显示，全球有 13 万～ 21 万只白秋沙鸭，另一组数据估计，欧洲地区至少有 4 万只白秋沙鸭，亚洲的西伯利亚地区约有 7.2 万只，黑海至地中海地区约有 3.5 万只，亚洲东部地区有 2.5 万～ 10 万只，其中，中国大概有 2 万只。它主要面临以下几方面的威胁：人类活动造成的栖息地生境改变，使得它的生存空间缩小；环境污染等因素造成的食物资源减少。

二级
国家重点保护野生动物等级

LC
IUCN 濒危等级

保护

2021 年，白秋沙鸭被列入
《国家重点保护野生动物名录》，
是国家二级保护野生动物。

"熊猫鸭"

雄鸭的体色以黑色和白色为主，并
且眼周黑色，像极了"黑眼圈"，也酷
似熊猫眼，所以不少观鸟人将白秋沙鸭
称为"熊猫鸭"。

"熊猫鸭"

鹰形目

Accipitriformes

　　一些鹰形目的鸟类会在海岸带活动，以捕鱼为生，也可以算作滨海鸟类。在我国属于滨海鸟类且为国家一级保护野生动物的鹰形目鸟类主要为鹰科，其主要特征：肉食性，拥有尖锐的嘴和爪，适于抓取和撕裂猎物，听觉和视觉敏锐；翅强健、宽圆而钝，有强大的飞行能力，善于在高空持久盘旋翱翔；雌鸟的体形大于雄鸟；晚成雏。

虎头海雕

Haliaeetus pelagicus

分类地位

鹰形目鹰科海雕属

形态特征

　　虎头海雕体长 85 ~ 105 厘米。嘴为黄色，且较粗壮。全身羽毛基本为黑色，但肩和尾部的羽毛为白色。仔细观察后可以发现，虎头海雕的腿部羽毛也为白色，看起来就像是穿了一条白色的裤子。

人工饲养的虎头海雕

食物

虎头海雕主要捕食海中的鱼类，也吃鸟类、鼠和兔等动物，甚至是动物尸体。

繁殖

虎头海雕选择海边的林区或者是悬崖作为繁殖地。每年的 4 月份左右，虎头海雕在树顶或者是岩石上利用枯枝筑巢，或者将旧巢修缮后使用。一般每窝产两枚卵。小虎头海雕需要 38 ～ 45天的孵化才破壳而出，再经过亲鸟五个多月的轮流哺育，才能独立生活。

分布

在中国，虎头海雕出现在吉林、辽宁、河北、山东和台湾等地。

生存现状

虎头海雕主要在海岸和河谷活动，冬季会集群生活，全球种群数量为4600 ～ 5100 只，并且数量呈持续下降趋势。虎头海雕到四岁左右才发育成熟，九岁左右正式成年，生长期较长，并且分布区域狭窄。此外，虎头海雕还面临着大量栖息地环境被破坏、过度捕捞鱼类造成的食物资源减少等威胁。

一级

国家重点保护野生动物等级

VU

IUCN 濒危等级

保护

虎头海雕是我国的国家一级保护野生动物，并且被世界自然保护联盟列为易危物种，也是《华盛顿公约》中的二级保护动物。

"鸟中东北虎"

在海雕中，虎头海雕的外形十分霸气和华丽，被称为"鸟中东北虎"或"云中老虎"。它的翼展可达 2.45 米，平均体重能达到 7 千克，最重甚至达到 13 千克，在现存的已知鹰类中，虎头海雕的平均体重是最重的。不过与"云中老虎"般体形不符的是，虎头海雕的性格略显憨厚，好奇心强，并且在它与其他猛禽的战斗中，虎头海雕的块头虽大，却往往是落败逃跑的那一只。

白腹海雕
Haliaeetus leucogaster

分类地位

鹰形目鹰科海雕属

形态特征

白腹海雕体长 70 ~ 85 厘米。羽毛为黑色、白色、灰色三色，背部的羽毛为黑灰色，头部、腹部和腿部的羽毛为白色。白腹海雕将翅膀收起来时，可以看见它的翅膀呈黑灰色，与背部羽毛颜色一致。但当白腹海雕飞行时，可以看见它的翅膀是一半黑一半白的：靠近头部的那一半，也就是翼下覆羽为白色；而靠近尾部的那一半，也就是飞羽的颜色为黑色。

食物

白腹海雕主要捕食海中的鱼类，也吃鸟类和哺乳类等动物，甚至是动物尸体。

繁殖

白腹海雕选择海岛或海岸作为繁殖地。每年的 12 月份左右，白腹海雕到达繁殖地，利用树枝在高树、地面或者悬崖的岩石上筑巢，并在巢内铺上一些枯草、树叶和海藻等垫材。白腹海雕的巢非常大，直径可达 2.5 米，建好的巢可以使用多年。每窝一般产两枚卵，孵化期为 35 ～ 41 天。破壳而出的小白腹海雕，需要亲鸟轮流哺育 65 ～ 70 天才可以离巢。幼鸟出巢后，仍需和亲鸟生活 3 ～ 6 个月，才能独立生活。

白腹海雕庞大的巢

分布

在中国，白腹海雕活动于江苏、浙江、福建、广东、海南和台湾等地。

生存现状

白腹海雕主要在海岸或者河口出现，也会出现在海岛和水库等地，全球的种群数量稳定，被 IUCN 列为无危物种。不过在我国，白腹海雕的数量较少。栖息地减少、食物资源减少和偷猎等，都是白腹海雕面临的主要威胁。

保护

白腹海雕是我国的国家一级保护野生动物，也被列入《华盛顿公约》CITES 附录 II 濒危物种。

一级

国家重点保护野生动物等级

LC

IUCN 濒危等级

海之眼

海雕与邮票

海雕是名副其实的海上霸主，除了鱼类外，还能够捕食海上的鸥、雁和鸬鹚等中小型水鸟以及陆地上的狐狸和袋鼠等哺乳动物，位于食物链的最顶端。因为海雕的强壮、俊美和威猛，在许多国家发行的邮票中，都印上了威风凛凛的海雕。

印有白腹海雕的外国邮票

白尾海雕

Haliaeetus albicilla

分类地位

鹰形目鹰科海雕属

形态特征

白尾海雕体长 74 ~ 92 厘米。嘴为黄色，且较大，全身羽毛基本为棕褐色，头部、颈部和胸部的羽毛为浅褐色，尾部的羽毛全白色。白尾海雕飞行时，可以观察到它的白色尾较短，并且略呈楔形。

食物

白尾海雕主要捕食海中的鱼类，也吃鸟类和中小型哺乳动物，有时还会吃动物体。

繁殖

每年的 4 月份左右，白尾海雕在湖边、河岸或悬崖上的高树上筑巢，巢的位置一般距离地面 15 ~ 25 米。巢由树枝构成，内铺有苔藓和枯草等植物，巢比较大，直径甚至能达到两米。白尾海雕每窝一般产两枚卵，孵化期为 35 ~ 45 天。小白尾海雕需亲鸟轮流哺育 70 ~ 90 天，羽翼渐丰后就可以开始学飞，再经过至少 30 天，才能独立生活。

白尾海雕育雏中

分布

在中国，白尾海雕分布于黑龙江、吉林、辽宁、内蒙古、新疆、甘肃、青海、西藏、四川、河北、山东、江苏、安徽、湖北、江西、浙江、福建、广东和台湾等地。

生存现状

白尾海雕主要活动于海岸、河口和沼泽地区，繁殖季节主要在湖泊或者河流附近活动。根据 1995 年全国陆生野生动物资源调查，我国白尾海雕的种群数量为 4800 只。白尾海雕面临的威胁包括以下几方面：被人为猎杀和非法走私；杀虫剂"滴滴涕"的使用，导致食物链顶端的白尾海雕的繁殖能力急剧下降，白尾海雕食用被毒死的动物，还会导致"二次中毒"；由于人类的开发活动，白尾海雕的栖息地大量丧失，等等。

被环志的白尾海雕

一级

国家重点保护野生动物等级

LC

IUCN 濒危等级

保护

　　在我国的东北地区，如洪湖、兴凯湖和三江等白尾海雕的主要分布地，已经建立了自然保护区，重点保护湿地中的鸟类。在这三个保护区中，还实施了人工筑巢的招引方式，吸引白尾海雕在保护区内繁殖。目前该招引试验取得一定的进展，在三江自然保护区中，白尾海雕已在人工巢成功繁殖。

海之眼

白尾海雕的羽色变化

　　成年的白尾海雕，全身羽毛基本为棕褐色，尾部全白色。白尾海雕幼鸟的羽毛却显得十分斑驳，它尾部的边缘羽毛呈棕褐色，翼下覆羽的边缘羽毛为白色，在翼下呈现为一条白线，胸部、腹部也有不规则的白色斑点。随着年龄的增加，白尾海雕身上的白色羽毛逐渐脱落，换上颜色均匀的棕褐色羽毛，尾羽也逐渐变为全白色。